近身卫士100

全球手枪精选

·北京·

本书精心选取了世界各国研制的100种手枪，对每种手枪均以简洁精炼的文字介绍了研发历史、武器构造及作战性能等方面的知识。为了增强阅读趣味性，并加深读者对手枪的认识，书中不仅配有大量清晰而精美的鉴赏图片，还增加了详细的数据表格，使读者对手枪有更全面且细致的了解。

本书不仅是广大青少年朋友学习军事知识的不二选择，也是军事爱好者收藏的绝佳对象。

图书在版编目（CIP）数据

近身卫士：全球手枪精选 100 / 军情视点编 . —北京：化学工业出版社，2019.3（2023.1 重印）

（全球武器精选系列）

ISBN 978-7-122-33737-5

Ⅰ . ①近… Ⅱ . ①军… Ⅲ . ①手枪 – 介绍 – 世界
Ⅳ . ① E922.11

中国版本图书馆 CIP 数据核字（2019）第 014626 号

责任编辑：徐　娟　　　　版式设计：汪　华
责任校对：王鹏飞　　　　封面设计：刘丽华

出版发行：化学工业出版社（北京市东城区青年湖南街 13 号　邮政编码 100011）
印　　装：北京宝隆世纪印刷有限公司
710mm × 1000mm　1/16　印张 13½　字数 300 千字　2023 年 1 月北京第 1 版第 2 次印刷

购书咨询：010-64518888　　　　售后服务：010-64518899
网　　址：http://www.cip.com.cn

定价：75.80 元

在相当长的历史时期里，手枪曾在人类战争中发挥过举足轻重的作用，经过了约 540 年的漫长发展、改进、演变的过程，逐渐具备了现代手枪的结构和原理。现代手枪诞生的标志是左轮手枪和自动手枪的发明。尽管手枪是枪械家族中最小的枪，在战争中作用并不特别大，可它却是军队不可缺少的装备之一。

手枪是一种单手握持瞄准射击或本能射击的短枪管武器，由于短小轻便，携带安全，能突然开火，所以一直被世界各国军队和警察，主要是指挥员、特种兵以及执法人员等大量使用。随着技术的进步，手枪已经发展成为种类繁多的现代手枪家族，而且性能和威力都有大幅度提高。因此，手枪的作用和地位得到了进一步加强。

本书精心选取了世界各国研制的 100 种手枪，对每种手枪均以简洁精炼的文字介绍了研发历史、武器构造及作战性能等方面的知识。本书的相关数据资料均来源于国外知名军事媒体和军工企业官方网站等权威途径，坚决杜绝抄袭拼凑和粗制滥造。为了增强阅读趣味性，并加深青少年读者对手枪的认识，书中不仅配有大量清晰而精美的鉴赏图片，还增加了详细的数据表格，使读者对手枪有更全面且细致的了解。本书不仅是广大青少年朋友学习军事知识的不二选择，也是军事爱好者收藏的绝佳对象。

参加本书编写的有丁念阳、黄萍、黄戌。在编写过程中，国内多位军事专家对全书内容进行了严格的筛选和审校，使本书更具专业性和权威性，在此一并表示感谢。

由于时间仓促，加之军事资料来源的局限性，书中难免存在疏漏之处，敬请广大读者批评指正。

编者

2019 年 1 月

目录

第 1 章 • 手枪概述 /001

第 2 章 • 半自动手枪 /007

第 3 章 • 全自动手枪 /135

第 4 章 • 左轮手枪 /161

参考文献 /210

第 1 章

手枪概述

手枪是一种单手握持瞄准射击或本能射击的短枪管武器，能以其火力杀伤近距离内的有生目标。由于它短小轻便、携带安全、能突然开火，所以手枪一直被世界各国军队和警察，主要是指挥员、特种兵以及执法人员等大量使用。

手枪的发展历史

古往今来，“枪”始终是“兵”手中最基本的战斗武器，沿着它们产生、发展、演化的足迹，人们可以清晰地看到人类战争一幕幕悲壮的发展历史。从火器史来看，手枪大致经历过火门手枪—火绳手枪—转轮发火手枪—燧发手枪—击发手枪—左轮手枪—自动手枪等发展过程，但是人们常说的现代手枪，实际上只包括击发手枪、左轮手枪和自动手枪。

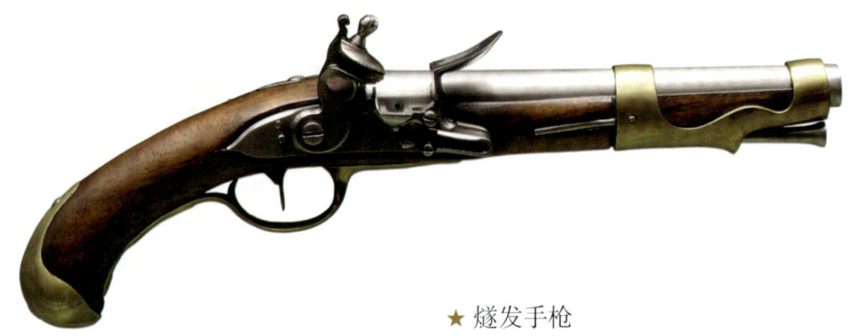

★ 燧发手枪

至今为止，人们对手枪的英文 pistol 一词的由来始终说法不一。一种说法是在 1540 年，意大利人维特利制造了一支枪并用自己居住的小镇皮斯托亚命名，因此欧美的手枪统称为 pistol，后来经过考证，这种设计非常笨重，无法单手击发的枪很难称得上是“手枪”。另一种说法认为手枪一词源于捷克语“pistal”，1419 年，胡斯信徒在反对西吉斯蒙德的战争中使用了一种哨声短枪，所以手枪便因此而得名。

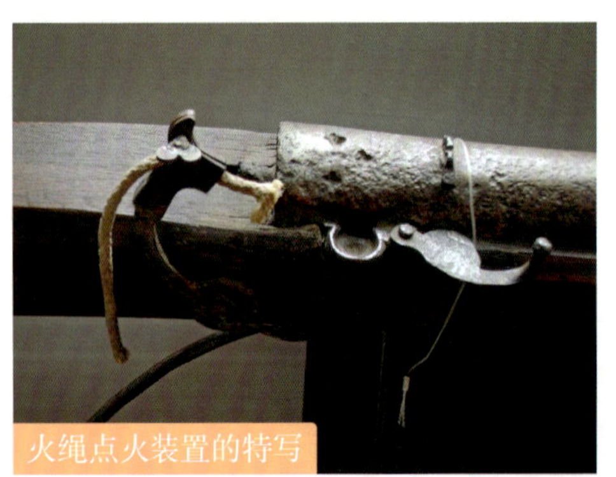

火绳点火装置的特写

中国最早出现的手枪是一种小型的铜制火铳——手铳。它的口径一般为 25 毫米左右，长约 30 厘米。使用时，先从铳口填入火药、引线，然后塞装一些细铁丸，射手单手持铳，另一手点燃引线，从铳口射铁丸和火焰杀伤敌人。手铳的出现可以看作是手枪的最早起源。1331 年，普鲁士的黑色骑兵使用了一种短小的点火枪，骑兵把点火枪吊在脖子上，一手握枪靠在胸前，另一手拿点火绳引燃火药进行射击。这种点火枪是欧洲最早出现的手枪雏形。

1805 年，苏格兰人亚力山大 · 约翰 · 福赛斯发明了撞击发火式装置，1812 年，苏格兰牧师 A. 福赛斯设计制造出击发火式手枪。这种手枪还属于由枪口装弹丸的前装式手枪，操作不便，发射速度也较慢，难以适应作战需要。1825 年，美国人德林格发明的德林格手枪，采用了雷汞击发火帽装置，提高了手枪的射击性能。经过了约半个世纪的漫长发展、改进、演变的过程，手枪已经逐渐具备了现代手枪的结构和原理。

1835 年，美国人柯尔特发明了装有底火撞击与线膛枪管的左轮手枪，这是第一支真正成功并得到广泛应用的左轮手枪。它作为武器在 1861 ~ 1865 年的美国南北战争期间得到迅速发展。1873 年，柯尔特 11.44 毫米后装式单动左轮手枪被美国陆军正式采用。至今，由于左轮手枪对瞎火弹处理十分简便，安全可靠，所以美国和其他一些国家仍有使用。

1889 年毛瑟手枪问世，确立了自动手枪结构原理。1893 年，德国制造了第一支实用的博尔夏特 7.63 毫米自动手枪。德国人鲁格对该枪又进行了改进，这就是世界闻名的鲁格 P08 手枪。

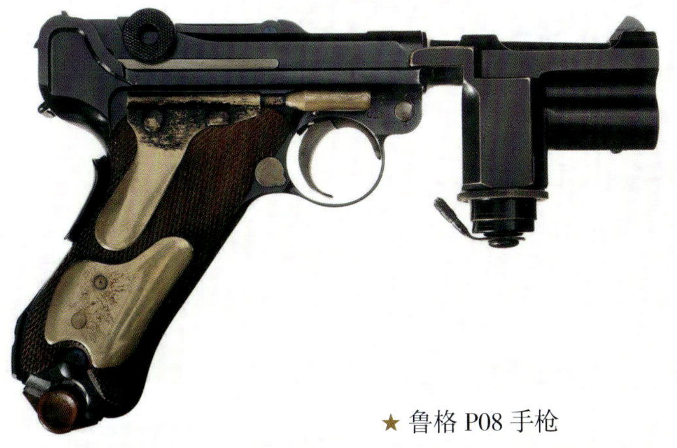

★ 鲁格 P08 手枪

第一次世界大战（以下简称一战）中，英国使用了韦伯利 11.6 毫米左轮手枪，俄国使用了纳甘 M1985 式 7.62 毫米左轮手枪，意大利使用了 M1889 式 10.35 毫米左轮手枪。到第二次世界大战（以下简称二战）开始后，英国还继续使用韦伯利 11.6 毫米左轮手枪以及美国的 9 毫米左轮手枪。由于左轮手枪对瞎火弹处理十分简便，安全可靠，所以至今美国和其他一些国家仍有使用。

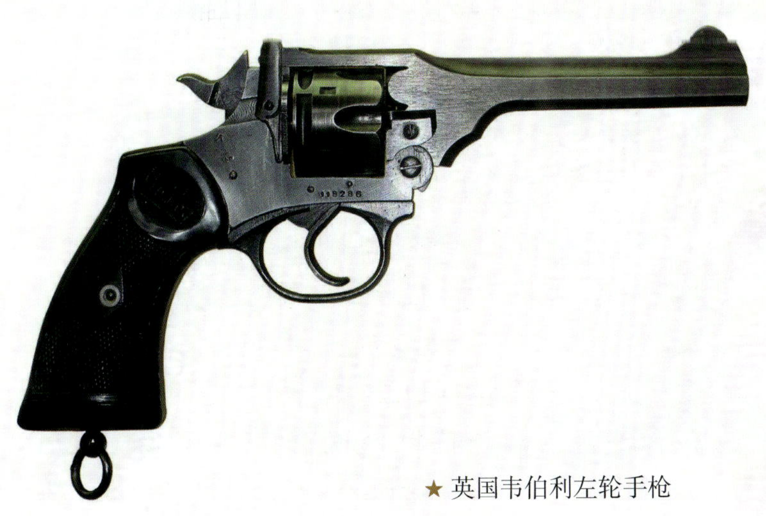

★ 英国韦伯利左轮手枪

法国 MAB PA15 式手枪

二战后，世界各国也研制了一些新型手枪，差不多都是自动手枪（自动装填手枪）。这些手枪主要有法国的 MAB PA15 式手枪、意大利的伯莱塔 M1951 式手枪等。

近些年手枪的发展主要体现在保险机构的设计更加完善，以及外形设计更加符合人体工程学要求，而且在制造材料上也有所突破，并呈现出多样化的发展趋势。

手枪的分类

手枪按结构可分为半自动手枪、全自动手枪和左轮手枪。

半自动手枪

半自动手枪出现于 19 世纪末，由于其具有装弹快、容弹多、射速快、威力大等特点，很快就被世界各国广泛使用，并以此取代了左轮手枪。半自动手枪是指利用火药燃气能量实现自动装填枪弹的手枪，可以自动装填、单发射击，用弹匣供弹，有空夹挂机装置。一般地，半自动手枪的弹匣可携带 6 ~ 12 发子弹，部分型号甚至可装 20 发子弹，是现代军、警、民用的主流手枪。

美国 M9 半自动手枪

以色列“沙漠之鹰”半自动手枪

比利时 FN 57 半自动手枪

全自动手枪

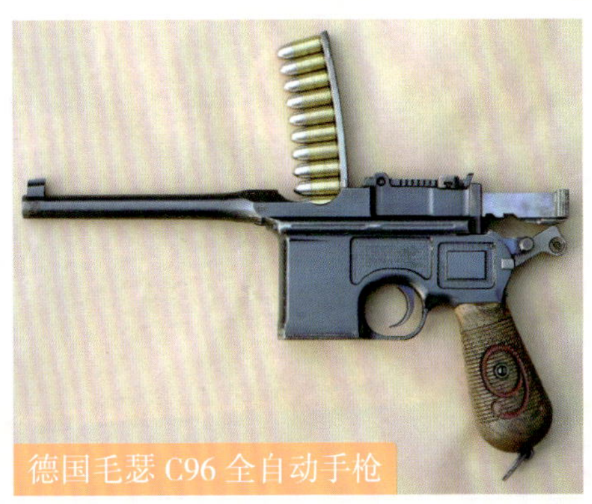
德国毛瑟 C96 全自动手枪

全自动手枪与半自动手枪大致一样，只不过可以打连发（因此又称冲锋手枪）。全自动手枪的口径通常为 7.62 ~ 11.43 毫米，以 9 毫米为多见。目前，大多全自动手枪采用装于握把内的弹匣供弹，打单发时，射速约 40 发 / 分，有效射程约 50 米。有的全自动手枪在必要时可加装肩托，用双手握持抵肩射击，有效射程可增加到 150 米，所加肩托一般由枪盒或其他附件（如匕首等）兼做。连发射击时火力猛、射速快，有的射速高达 110 发 / 分。

左轮手枪

左轮手枪与其他所有枪械不同的是，其枪管和枪膛是分离的，左轮手枪通常由 3 部分组成：枪底把，转轮及其回转、制动装置，闭锁、击发、发射机构。枪底与一般枪上的机匣相类似，上面开有许多槽孔，以使将所有的机构和零件结合在一起，如枪管、框架、握把等；转轮、回转和制动装置通过回转轴固定在框架上，转轮既是弹膛又是弹仓，其上有 5 ~ 8 个弹巢，最常见的是 6 个。左轮手枪是手工装填弹药，子弹打空之后就得退壳再重新装填。

史密斯 – 韦森 M29 左轮手枪

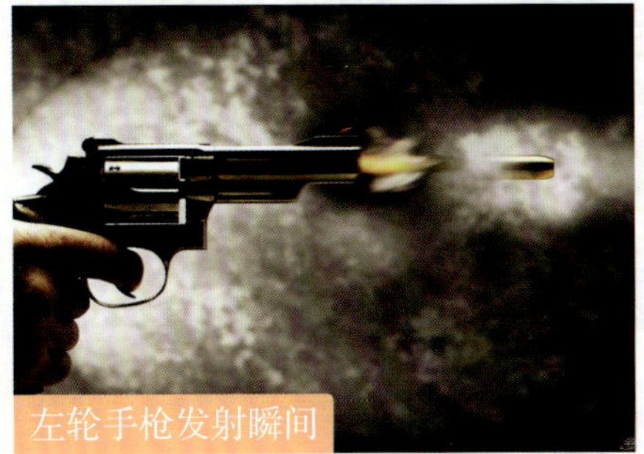
左轮手枪发射瞬间

•手枪的装备现状

目前世界各国装备的手枪的口径有 5.45 毫米、7.62 毫米、7.63 毫米手枪，美国和北约各国采用的是 9 毫米、10 毫米、11.43 毫米和 12.7 毫米等口径。装备的军用手枪主要有美国的 M1911 A1 式 11.43 毫米自动手枪，警用手枪主要有瑞士的 SIG Sauer P225 式 9 毫米手枪。

SIG Sauer P225 手枪

现在世界各国装备的手枪口径最小的为 5.45 毫米，口径最大的为 12.7 毫米，以美国的 M1911 A1 式 11.43 毫米自动手枪装备时间最长且装备量最大。9 毫米口径自动手枪，因其后坐力小、射击稳定、弹着密集、弹匣容量大，所以目前为世界各国军队和警察广泛使用。

★ 美国的 M1911 A1 式手枪及子弹

第 2 章
半自动手枪

半自动手枪是指仅能自动装填弹药的单发手枪，其子弹能与冲锋枪及冲锋手枪共用，而且射击时也较舒适。作为自卫首选武器之一，不管是常规部队还是特种部队，几乎人人都会配备一把半自动手枪。

No. 1 美国伯莱塔 M9 半自动手枪

基本参数	
枪长	217 毫米
枪重	969 克
弹容量	15 发
服役时间	1985 年至今
口径	9 毫米
有效射程	50 米
枪口初速度	381 米 / 秒
生产数量	200 万把

M9 手枪是由伯莱塔 92FS 手枪发展而来的，在几次改进后，最终于 1985 年被美军采用，并作为制式武器。

●研发历史

1978 年，美国空军提出需要采用一种新的 9 毫米口径半自动手枪，用以取代老旧的柯尔特 M1911A1 半自动手枪，多家著名枪械公司参加了选型试验。1980 年，美国空军官方宣布伯莱塔 92S-1 手枪比其他型号稍好。此时，美国其他军种也正好需要寻找新的辅助武器。因此，更严格的一轮试验又开始了，伯莱塔公司送交的型号为 92SB-F，之后更名为 92F。1985 年 1 月，美国陆军宣布伯莱塔 92F 胜出，被选为制式手枪并正式命名为 M9。1988 年，M9

★ M9 手枪侧后方视角

发生了套筒断裂的事故，随后，伯莱塔公司按照美国陆军的要求进行了改进设计，按这种标准生产的 92F 被改称为 92FS。至此，伯莱塔 92FS（M9）真正取代经典的柯尔特 M1911 手枪成为美军新的制式手枪。

黑色涂装的 M9 手枪

★ M9 手枪分解图

●武器构造

M9 手枪的套筒座包括握把都是由铝合金制成的，不过为了减轻枪的质量，握把外层的护板是木质的。在保险装置上，不再是过去的按钮式，而是变成了摇摆杆。该手枪还增大了扳机护圈，即便是戴上手套扳动扳机也非常顺手。

★ M9 手枪美国陆军专用版

●作战性能

M9 手枪维修性好、故障率低，据试验：该手枪在风沙、尘土、泥浆及水中等恶劣战斗条件下适应性强，其枪管的使用寿命高达 10000 发。1.2 米高处落在坚硬的地面上不会发生意外走火，一旦在战斗损坏时，较大故障的平均修理时间不超过半小时，小故障不超过 10 分钟。

2003 年，美国军方推出了 M9 手枪的改进型，名为 M9A1，主要加入了皮卡汀尼导轨以对应战术灯、雷射指示器及其他附件。

装备制式 M9 手枪的美国陆军部队

No. 2 美国柯尔特 M1911 半自动手枪

M1911 是美国柯尔特公司于 20 世纪初研制的半自动手枪，1911 年开始在美军服役，之后经历了两次世界大战和多次局部战争。

基本参数	
枪长	210 毫米
枪重	1105 克
弹容量	8 发
服役时间	1911 年至今
口径	11.43 毫米
有效射程	50 米
枪口初速度	251.46 米 / 秒
生产数量	200 万把

•研发历史

M1911 的研制计划可以追溯到 19 世纪末，当时美军在菲律宾和当地人发生武装冲突，美军装备的是柯尔特 9 毫米口径左轮手枪，但该枪性能不够理想，所以美军便决定研制一种新型手枪来装备其军队。

1907 年，美国正式招标 11.43 毫米口径手枪作为新一代的军用制式手枪，在对该手枪项目竞标中，柯尔特公司和萨维奇公司的手枪

M1911 手枪侧面特写

被美国军方选中，随后两家公司的产品便进入试验和改进中。在 1910 年末的 6000 发子弹射击试验中，柯尔特的样枪射完子弹没有出现任何问题，而萨维奇公司的样枪则出现 37 次故障，最后自然是柯尔特公司胜出。

1911 年 3 月 29 日，柯尔特公司的手枪正式成为美国陆军的制式手枪，定型为 M1911。1913 年，由于 M1911 的性能十分出色，也被美国海军和美国海军陆战队选为制式手枪。

●武器构造

M1911 手枪的操作原理为：弹头被推出枪管时，枪管和套筒也因后坐力而后退，枪管尾端以铰链为轴朝下方摆动。同时，套筒内的闭锁凹槽和枪管尾端的凸筋分离，弹壳退出枪膛并弹出，退到最后的套筒在弹簧的作用下复位将弹夹内的子弹上膛，手枪所有结构复位。

M1911 手枪使用起来非常安全，不容易出现走火等事故。它采用了双重保险设计，其中包括手动保险和握把式保险。手动保险在枪身左侧，处于保险状态时击锤和阻铁都会被锁紧，套筒不能复进。握把式保险则需要用掌心保持按压力度才能保持战斗状态，松开保险后手枪就无法射击。

★ M1911 手枪使用的弹匣与子弹

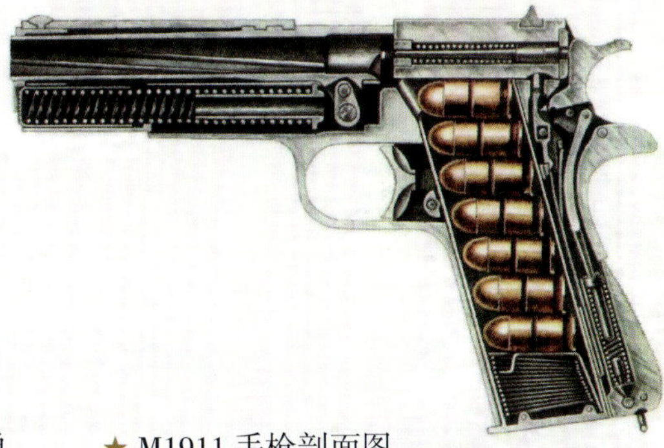

★ M1911 手枪剖面图

●作战性能

M1911 手枪性能优秀，其 11.43 毫米的大口径能够确保在有效射程内快速让敌人失去战斗能力，而且该手枪的故障率很低，不会在一些关键时刻“掉链子”，这两点对战斗手枪来说非常关键。此外，该手枪结构简单，零件数量较少，而且比较容易拆解，方便维护和保养。当然 M1911 手枪也有一些缺点，比如弹匣容量为 7 发，包括枪膛内的 1 发子弹，一共 8 发；而且体积和质量稍大，后坐力也偏大。

黑色涂装的 M1911 手枪

No. 3 美国柯尔特 M45A1 半自动手枪

基本参数	
枪长	215.9 毫米
枪重	1034.76 克
弹容量	7/8 发
服役时间	2010 年至今
口径	11.43 毫米
有效射程	50 米
枪口初速度	310 米 / 秒
生产数量	200 万把

M45A1 手枪及子弹

M45A1 手枪是柯尔特公司设计生产的一款半自动手枪，其前身是大名赫赫的 M1911 手枪，目前有政府型、指挥官型和轻型指挥官型三种型号。

进入 21 世纪后，美国海军陆战队开始"招贤纳士"大规模征招人员。这些人员，从身先士卒的小兵，到运筹帷幄的军官，无一不是作战士兵中的精英。但是作为士兵基础装备的武器是必不可少的，所以在这些新人员入伍

美国警务人员使用的 M45A1 手枪

M45A1 手枪及弹匣

后，海军陆战队在为他们配发老式武器的同时也在努力寻求更好的武器。得知此消息后，柯尔特公司以 M1911 手枪为蓝本，设计了一款全新手枪——柯尔特磁道炮手枪。柯尔特公司将该手枪交予海军陆战队进行测试，经测试后，该手枪的各项性能符合他们的要求，于是便采用了该手枪，并命名为 M45A1 手枪。后来美国海军陆战队与柯尔特公司签订了一份为期 5 年的合约，总价值 2250 万美元。

M45A1 手枪采用了单一的全尺寸型复进簧导杆，以及串联式复进簧组件，因此需要在套筒的前面留下多条锯齿状突起的防滑纹，以加强其在强大压力下的抗变形力。该手枪设有上翘河狸尾状棕榈型隆起底部式握把式保险、柯尔特战术型延长双手拇指通用手动保险、诺瓦克（Novak）低接口进位型氚光圆点夜间机械瞄具、增强型中空指挥官型风格击锤、三孔式锯齿形表面铝制扳机（军警用型则为无孔式铝制扳机）、调低和扩口式抛壳口。另外，最重要的还是它的套筒下、扳机护圈前方的底把防尘盖上整合了一条 MIL-STD-1913 战术导轨，提供了安装各种战术灯、雷射瞄准器和其他战术配件的通用性，使得它成为一把容易适应任何军事或执法需要的战术手枪。

M45A1 手枪拆解图

No. 4 美国金柏 MEU（SOC）半自动手枪

基本参数	
枪长	209.55 毫米
枪重	1105 克
弹容量	7 发
服役时间	1985 年至今
口径	11.43 毫米
有效射程	70 米
枪口初速度	244 米 / 秒
枪机种类	闭锁式枪机

MEU（SOC）手枪的官方命名为 M-45 MEU（SOC），是一种气冷式、弹匣供弹、枪管短行程后坐作用操作、单动操作的半自动手枪。它已经成为美国海军陆战队远征队侦察部队的备用枪械，并且从 1986 年使用至今。

•研发历史

M9 手枪无论从外部结构还是作战性能，都能在手枪界排上名次，但是对于美国海军陆战队的成员来说，比起 M9 手枪他们更喜欢 M1911 手枪。20 世纪 80 年代末期，美国海军陆战队上校罗伯特 · 杨对 M1911 手枪提出了一系列的改善建议，以适合 21 世纪的战场。1986 年，美国精密武器分部和陆战队步枪分队装备商接受 M1911 改进工作，这些改进后的 M1911 手枪没有正式名字，一律称为 MEU（SOC）手枪或 MEU 手枪。

MEU（SOC）手枪的上方视角

武器构造

黑色涂装的 MEU（SOC）半自动手枪

MEU（SOC）手枪的组件都是由手工装配的，因此不能互换。武器序列号的最后四个数字分别印在枪管的顶部和套筒部件的右侧。早期的套筒在前端没有防滑纹，为了便于射手轻推套筒来确认膛内是否有弹，新的套筒在前面增加了防滑纹。

该枪安装了一个纤维材料的后坐缓冲器，缓冲器可以降低后坐感，在速射时尤其有利。但缓冲器本身似乎不太耐用，而且其产生的小碎片容易积累在手枪里面导致故障，但大多数陆战队员认为这没多大问题，因为在陆战队里面所有的武器都能得到定时和充分的维护，但是这个装置还是一直受到争议。

★ MEU（SOC）半自动手枪及弹匣

服役情况

美国海军陆战队的队员在 1983 年入侵格林纳达、1989 年入侵巴拿马、1992 年的索马里战争、2001 年的阿富汗战争、2003 年的伊拉克战争时使用的手枪都是 MEU（SOC）手枪。

MEU（SOC）手枪右侧方特写

射击状态下的 MEU（SOC）半自动手枪

No. 5 美国马格南 Grizzly 半自动手枪

基本参数	
枪长	260.35 毫米
枪重	1360 克
弹容量	7 发
服役时间	1983 ～ 1999 年
口径	11.43 毫米
有效射程	200 米
枪口初速度	426 米 / 秒
枪机种类	单动

Grizzly“灰熊”手枪是佩里 · 阿内特设计、L.A.R. 公司（公司名字来源于三位创办人名字的缩写：Larisch、Augat 和 Robinson）生产的一款半自动手枪。

● 研发历史

20 世纪 80 年代，一股大威力手枪的热潮引发了新老手枪设计师的一场明争暗斗，人人都想在这场竞争中脱颖而出。在众多的手枪设计师中，温文尔雅、谈吐之间透露着贵族气息的佩里 · 阿内特却有着与常人不一样的设计思想，同时也有着不一般的商业头脑。当时美军使用的 M1911 手

★ Grizzly 手枪侧面特写

枪异常热火，军、警乃至平民都非常青睐这款手枪。佩里·阿内特看到了商机，他将 M1911 手枪口径放大，推出了该手枪的大威力版本——Grizzly 手枪。Grizzly 手枪一经推出，立刻引起了不小的轰动，当然也为阿内特本人带来了不少财富。

●武器构造

Grizzly 手枪口径的改装套件通常包括一根枪管、一个弹匣、抛壳顶杆、抽壳钩、枪管衬套和复进簧。

Grizzly 手枪及子弹

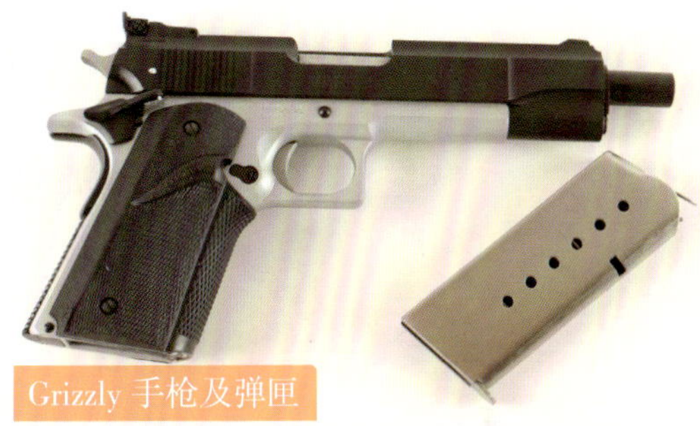

Grizzly 手枪及弹匣

●作战性能

Grizzly 手枪使用威力更大的 11.43 毫米温彻斯特 - 马格南子弹，而不是原版 M1911 手枪的 11.43 毫米 ACP 子弹。由于该手枪的尺寸、质量和后坐力较大，其主要市场是面向狩猎和金属靶射击。Grizzly 手枪于 1999 年停止生产，但直到现在生产商仍然生产着相关的备用零件。

Grizzly 手枪分解图

No. 6 美国 Kel-Tec PMR-30 半自动手枪

基本参数	
枪长	201 毫米
枪重	386 克
弹容量	30 发
服役时间	2009 年至今
口径	5.59 毫米
有效射程	50 米
枪口初速度	375 米 / 秒
枪机种类	混合反冲作用、纯双动操作扳机

PMR-30 手枪及子弹

PMR-30 半自动手枪是 Kel-Tec 公司在 2009 年底推出的，发射 5.59 毫米口径的温彻斯特 - 马格南枪弹，采用双排双进的 30 发弹匣。

PMR-30 不仅容易操控，而且弹匣容量大，足足有 30 发。但发射的枪弹尺寸很小，所以这个双排双进的塑料弹匣长度跟普通 9 毫米口径手枪的 15 发双排弹匣差不多，不过宽度要小很多，因此握把比 9 毫米口径手枪的要窄，手掌较小的人也能握得很稳。该手枪非常适合女性防身。

PMR-30 采用回转式击锤击发，击锤就藏在套筒内，在外面看不到，因此只能采用纯双动击发。它的扳机手感和 Kel-Tec 其他手枪一样糟糕，再加上是纯双动，所以要想上靶必须要多练习。该枪左右两侧都有手动保险，可用拇指操控。它的套筒为钢制，底把为聚合物材质，枪管表面有开槽，既是为了减重，也是为了增加散热速度。

PMR-30 手枪上方视角

黑色涂装的 PMR-30 手枪侧面特写

No. 7 美国 AMT 马格南 V 型半自动手枪

基本参数	
枪长	273 毫米
枪重	1310 克
弹容量	7 发
服役时间	1993 年至今
口径	12.7 毫米
有效射程	50 米
枪口初速度	426 米 / 秒
枪机种类	单动

马格南 V 型手枪是由哈利 · 桑福德设计，阿卡迪亚机器及工具公司等公司生产的一款半自动手枪。

20 世纪 70 ～ 80 年代，有不少军工企业研发大口径、大威力手枪，并取得了一定的成功，但却无法真正流行起来。原因有二：其一，作为单兵自卫武器来说，这些手枪太过于笨重，不便于携带；其二，由于要发射大威力子弹，所以手枪的体积无法很小，实用性较差。90 年代，哈利 · 桑福德开始研发一款轻量且人体工效良好的大威力手枪，在参考了其他同类手枪的优缺点，并融合自己对手枪的理解之后，成功推出了马格南 V 型手枪。

马格南 V 型手枪内置的枪口补偿装置非常普通，就是在枪管顶部两旁各开两个孔，以利用射击时所排出的高压气体来抑制枪口方向。不过对于一般人来说，马格南 V 型手枪发射弹药时，产生的巨大后坐力和枪口补偿装置所导致的刺耳噪音难以容忍。

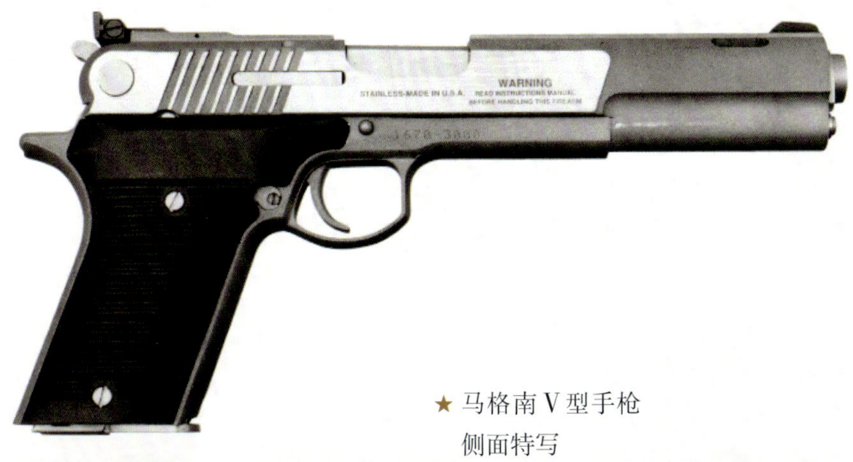

★ 马格南 V 型手枪侧面特写

马格南 V 型手枪及弹匣、子弹

No. 8 美国多诺斯&迪克逊 Bren Ten 半自动手枪

基本参数	
枪长	222 毫米
枪重	1100 克
弹容量	8/10/15 发
服役时间	1983 ~ 1986 年
口径	11.43 毫米
有效射程	40 米
枪口初速度	410 米 / 秒
生产数量	1500 把

Bren Ten 手枪基本上是由 CZ75 手枪略微放大和改变口径而成的，其结构原理和 CZ75 基本相同但略有改进。

•研发历史

1979 年 12 月 15 日，美国人托马斯 · 多诺斯和迈克尔 · 迪克逊突发奇想，决定设计一种前所未有的半自动手枪，让其既有左轮手枪的威力，也不会因此使得握把显得过于庞大。

1980 年 1 月 15 日，这两个人去向枪械专家杰夫 · 库珀寻求建议。正巧杰夫 · 库珀也有意设计这样一种新型手枪，于是三人一拍即合，由多诺斯和迪克逊负责工程、研制、生产和销售，库珀提供概念性设计和技

★ Bren Ten 手枪

术咨询。1981 年 7 月 15 日，他们以 CZ75 手枪为基础进行改进，包括采用不锈钢结构、便于快速瞄准的战斗瞄具以及其他的功能。1982 年，他们最终成功设计出一种 10 毫米口径的自动手枪子弹，并推出了发射这种手枪子弹的手枪，命名为 Bren Ten。

•武器构造

Bren Ten 手枪是第一种发射 10 毫米 AUTO 子弹的手枪，该枪从全尺寸型到袖珍型，共有十几种不同口径的型号。

Bren Ten 手枪上方视角

Bren Ten 手枪侧面特写

•作战性能

由于 Bren Ten 手枪是纯手工生产和装配的，所以产量非常低。另一方面，由于几个合伙人想回笼资金，所以 Bren Ten 手枪并没有进行严格的测试，他们就开始接受订单，致使其后该枪销售量逐渐下滑。而且由于 Bren Ten 手枪的弹匣是在意大利生产的，当时意大利海关禁止其战争物资到美国民用市场，因此该枪的第一批客户在两年里都无法买到备用的弹匣。后来各大客户都开始取消订单，1986 年，Bren Ten 手枪公司被迫申请破产。

Bren Ten 手枪及弹匣

No. 9 美国 GMC FP45“解放者”手枪

FP45“解放者”是一种结构简单、外形丑陋的单发滑膛手枪，虽然存在时间很短，但对美国人民来说，它具有独特的意义。目前只能在一些枪械收藏家手中看到该枪。

基本参数	
枪长	141 毫米
枪重	454 克
弹容量	1 发
服役时间	1942 ~ 1945 年
口径	11.43 毫米
有效射程	7.3 米
枪口初速度	250 米 / 秒
生产数量	100 万把

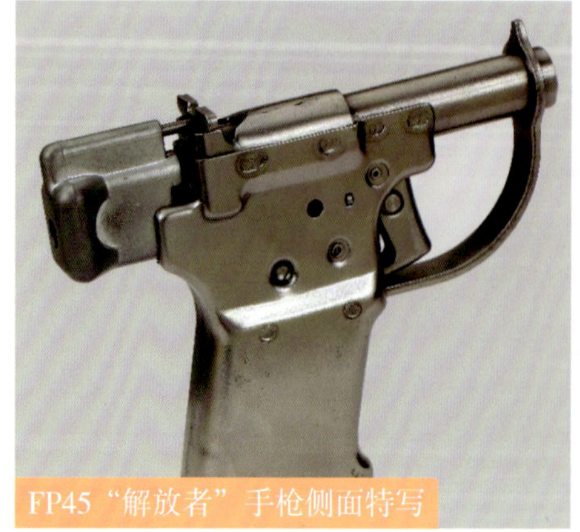

FP45“解放者”手枪侧面特写

●研发历史

为了能够在敌军占领区发起反抗，美国陆军在 1942 年设计了一种代号为 FP45 的手枪，由俄亥俄州代顿通用汽车的大陆制造分公司生产，而简陋的枪管由代顿电冰箱厂生产。一开始时工人们并不知道是生产手枪，只知道这份订单是生产许多大小各异的金属片。当这些手枪的部件被一个一个制造出来后，又被转移到印第安纳州安

德森的导航灯公司来装配。300 个工人，耗时 6 个多月，将这些零件装配成 100 万把“解放者”手枪。因为要避免被敌军侦察到，所以工人们不得不“三天打鱼，两天晒网”，实际上 100 万把“解放者”手枪的装配总耗时只有 11 周。

★ 黑色涂装的 FP45“解放者”手枪

•武器构造

“解放者”手枪装填子弹时要用手把滑动后膛打开，把子弹塞进去后再合上，还要用手把击锤扳到待发状态才能扣动扳机。每次发射后，都要打开后膛，然后用纸盒内附带的小木棍（或类似的适当替代品）把空弹壳顶出枪管。握把里面是空的，底板可以滑动，在握把里面存放着额外的弹药。由于这种枪的枪管制造得非常粗糙，也没有膛线，因此设计精度非常差，再加上每次只能打一发，因此使用者往往是拿着一把装好子弹的手枪，潜伏在路边，等待落单的敌人经过时，以迅雷不及掩耳之势跳出来，在极近的距离射击要害部位。如果一枪不能干掉敌人，就没有机会再打第二枪了，但是这种枪由于是超近距离射击，所以它的命中率非常高，几乎是一枪一个。

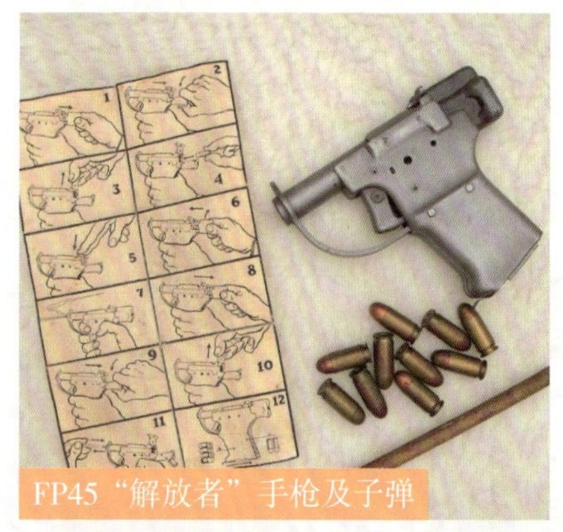

FP45“解放者”手枪及子弹

•作战性能

“解放者”手枪的主要用途是用来抢夺敌人的武器弹药，集中武装和壮大抵抗队伍。此外，这种枪的枪管制造得非常粗糙，也没有膛线，因此精度非常差，再加上每次只能打一发，所以并不适合在作战时使用，往往是在敌人落单的时候打冷枪的时候使用，但是使用者必须和敌人非常近，否则子弹可能“打飞”。

FP45“解放者”手枪后侧方特写

No. 10 美国鲁格 P345 半自动手枪

基本参数	
枪长	194 毫米
枪重	832 克
弹容量	8 发
服役时间	2004 ～ 2013 年
口径	11.43 毫米
有效射程	50 米
枪口初速度	241 米 / 秒
枪机种类	枪管短后坐

20 世纪 80 年代末期，鲁格公司一改以往手枪之风格，推出了鲁格 P345 手枪，给人一种耳目一新的感觉。鲁格手枪的套筒座前部装有导轨，保险机构设计新颖，是市场上最具安全性的自动手枪之一。

● 研发历史

鲁格公司最早生产的手枪是 P85 手枪，该手枪实用性超群，但外形很一般。另外美国进口的格洛克、西格、HK 手枪的零售价均在 500 美元以上，而本土的鲁格 P85 手枪零售价只有 295 美元，这让鲁格公司觉得 P85 能在手枪市场占有一席之地，凭借的仅仅是超便宜的价格。为了扭转局面，鲁格公司遵循手枪性能

P345 手枪及弹匣

好、美观、便宜这一宗旨开发了新一代产品——鲁格 P345 手枪。该枪在美国市场的零售价格为 548 美元，比格洛克 37 手枪的 562 美元略低。

•武器构造

鲁格 P345 手枪外形独特，枪管后下部的凸耳带有凹槽，与复进簧导杆后部的凸耳啮合在一起，完成开闭锁过程中的枪管偏移动作。凸耳连接方式由铰链结构改为啮合结构，极大提高了武器的耐用性。在复进簧导杆上除了装有复进簧外，还增加了一个缓冲簧，以缓和套筒后坐到位时的撞击。

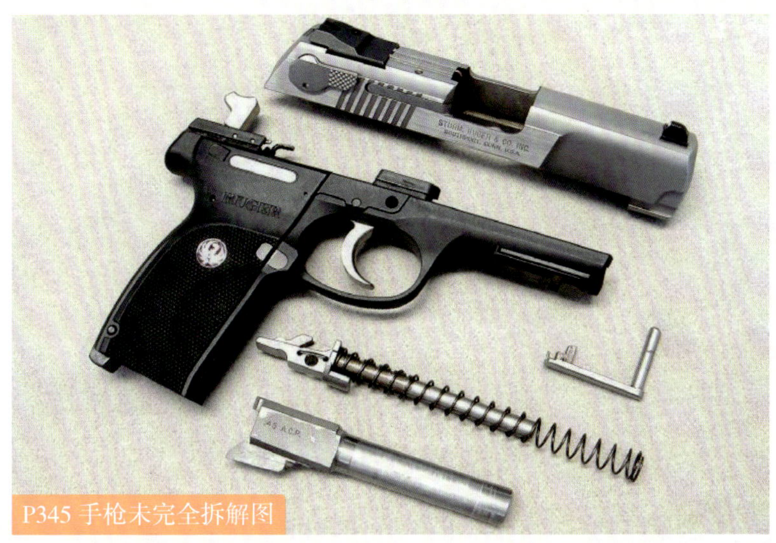

P345 手枪未完全拆解图

•作战性能

总的来说，鲁格 P345 手枪的握把适于大部分射手握持，但握把的倾斜度不够，连续射击时不容易控制。美国军警部门虽然重视格洛克、西格、伯莱塔等老品牌手枪，但也充分考虑到鲁格 P345 手枪的新颖性，特别是受到了手掌较小的使用者和初级使用者的青睐。

★ P345 手枪

★ P345 手枪侧面特写

No. 11 美国鲁格 LCP 半自动手枪

基本参数	
枪长	131 毫米
枪重	270 克
弹容量	6 发
服役时间	2008 年至今
口径	9 毫米
有效射程	50 米
枪口初速度	276 米 / 秒
生产数量	8500 把

LCP 手枪是美国鲁格公司设计生产的一款半自动手枪，属袖珍类防卫武器。

●研发历史

进入 21 世纪后，世界各国各大军工企业都埋头研发新型武器，以便在新型战场上霸占军警销售市场。这些大牌军工企业带来的产品层出不穷，大到单兵便携式火箭筒，小到自卫、格斗冷兵器，所使用的材料和制造技术都是响当当的。而一直对手枪情有独钟的鲁格公司，并没有花太多精力去研发大型武器，以及使用率不及热兵器的刀具类，还是坚持着自己的手枪

★ LCP 手枪

行业。2008 年，美国武器展览会中，鲁格公司带来了一款轻巧紧凑型手枪——LCP 手枪。该手枪的射击精准度并不高，但是作为一种微型自卫武器，它的精度还算差强人意。

•武器构造

LCP 手枪的黑色套筒座由高强度玻璃纤维填充尼龙模铸成型，套筒由钢制成，表面发蓝处理。枪管在靠近枪口处设计成沙漏形状，有助于待击状态时将枪管和套筒紧锁在一起。

机械瞄具设计得非常简单，在套筒后部铣有一个方形缺口，这就是照门，前面则是一个很小的准星。

该枪的弹匣扣设在握把左侧，扳机后方。还设计了一个手动挂机卡笋，向后拉动套筒并上推卡笋，可使套筒停于后方位置，观察枪身内部的情况。如果想要使已经上推的卡笋复位，则需要将装有子弹的弹匣卸下后重新推入，或者向后拉套筒，在弹簧力作用下卡笋自动复位。不过由于是手动装置，该卡笋在射击完最后一颗子弹后不会自动将套筒阻于后方位置。弹匣底板和托弹板采用合成材料制成，弹匣外壳由经过发蓝处理的钢材制成。

LCP 手枪及子弹

•作战性能

LCP 手枪射击测试选用了包括雷明顿和温彻斯特在内多家公司的全金属被甲弹、空尖弹和无铅易碎弹在内的多种枪弹。在实际射击过程中，即使使用弹头较大的温彻斯特银尖空尖弹，LCP 的供弹和击发依然十分顺畅。由于 LCP 的质量很轻，因此非常便于放在踝部枪套或是手包中携带，当然过于轻小的枪身也为瞄准带来了麻烦，在稍远距离上的散布较大，不过握把上的防滑纹可以稍微克服这一缺点。

LCP 手枪侧面特写

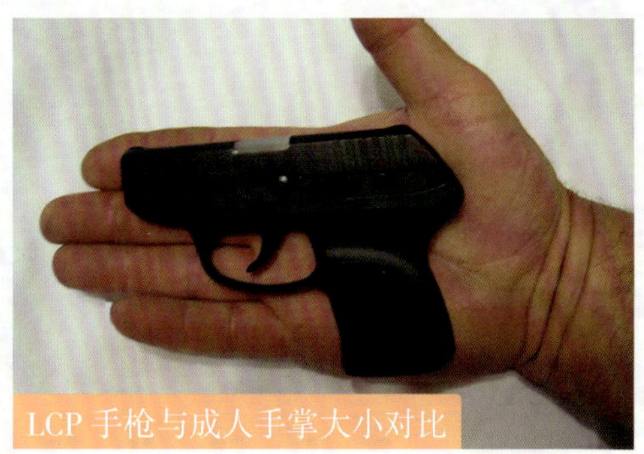
LCP 手枪与成人手掌大小对比

No. 12 美国史密斯 - 韦森 M39 半自动手枪

基本参数	
枪长	168 毫米
枪重	460 克
弹容量	7 发
研发时间	1949 年
口径	7.65 毫米
有效射程	35 米
枪口初速度	275 米 / 秒
生产数量	10 万把以上

史密斯 - 韦森 M39 是美国军队于 1954 年测试的一种半自动手枪，其后因美军放弃寻找新的手枪，此枪在 1955 年被改在民用市场上销售，也是史密斯 - 韦森公司的第一代半自动手枪。

•研发历史

史密斯 - 韦森 M39 是第一种美国制造并在当地市场销售的双动式半自动手枪。二战期间，德国瓦尔特公司推出了 P38 双动式半自动手枪，该枪给美国的军械人员留下了深刻的印象。于是美国陆军军械总队提出

M39 手枪侧面特写

了一个方案，就是开发出一种类似于 P38 的双动式手枪。1949 年，史密斯 - 韦森公司开始对 M39 手枪的研发，1955 年才正式商业销售此枪。最早推出的 M39 为第一代手枪，其后史密斯 - 韦森不断对其做出各种改进，最终推出了现在市场上销售的第三代版本。不同世代的手枪在型号、命名上皆有差异，第一代的使用两位数字、第二代使用三位数字，如此类推。

•武器构造

M39 手枪最初采用阳极氧化的铝制枪身，弯曲的握把背护片，以及一个连手动保险的钢制滑架。其握把护片均为木制品，弹匣释放钮位于扳机护圈后面，这方面与当时美军使用的 M1911 手枪十分相似。另外，此枪也有一种使用钢制枪身的版本，然而它的生产量有限。

★ M39 手枪上方视角

•服役情况

美国伊利诺伊州警察于 1967 年开始采用 M39 手枪，这一举动令许多执法部门也相继地采用该手枪，同时也为更适合警方于特别行动时使用的 M59 手枪提供了商机和宣传。而在越南战争期间，美国海军特种部队也采用了 M39 手枪。

M39 手枪不完全分解图

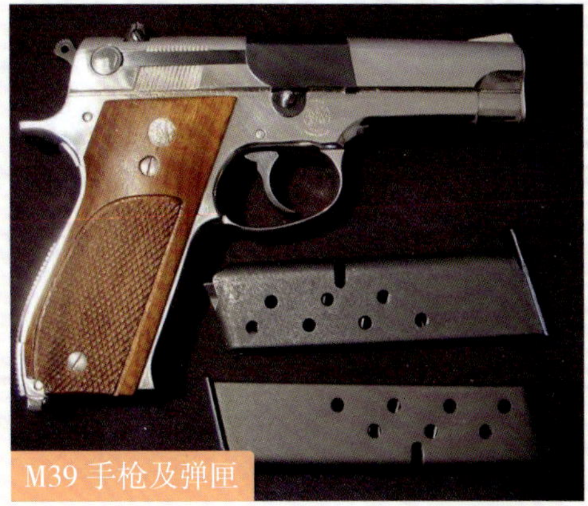

M39 手枪及弹匣

No. 13 美国史密斯－韦森 M1076 半自动手枪

基本参数	
枪长	197 毫米
枪重	1125 克
弹容量	9/11/15 发
服役时间	1986 年至今
口径	10 毫米
有效射程	50 米
枪口初速度	600 米 / 秒
枪机种类	枪管短后坐

M1076 是一种以子弹为基准研发的手枪，最早被美国联邦调查局（FBI）所使用，因其弹药问题，在 FBI 中服役不到 5 年时间，实属 FBI 手枪中的“短命鬼”。

•研发历史

1985 年，两名退伍军人出身的持枪歹徒与 FBI 的人员发生了正面枪击战。由于 FBI 的人员没穿防弹衣，只能以汽车作为掩护展开战斗，而且，他们的武器只有一支雷明顿 870 型霰弹枪和几支 M459 手枪。最后 FBI 付出了两人身亡、五人受伤的惨重代价才射杀了这两名歹徒。

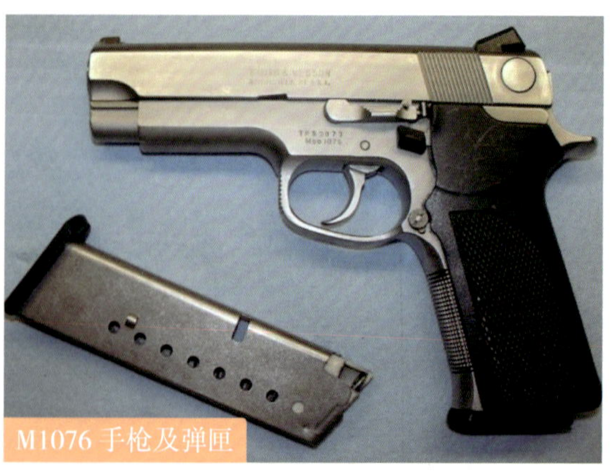
M1076 手枪及弹匣

事件发生后，FBI 马上召集弹道专家，研究一种大杀伤力的枪弹，以便在必要时可以让歹徒一击毙命。通过试验，FBI 选择了 10 毫米口径 AUTO 手枪弹，然而在试射过程中发现这种手枪弹虽然威力大，但后坐力也大，于是 FBI 要求把装药减少，试验后发现效果理想。有了合适的弹药，也要有相应的手枪来发射，于是 FBI 从 21 家公司提供的样枪中选中了史密斯 - 韦森公司的 M1076 型手枪，并签订了生产 9600 支手枪的 280 万美元的合同。1990 年，FBI 正式装备 10 毫米减装药 AUTO 弹和 M1076 手枪。

●武器构造

M1076 被称为史密斯 - 韦森公司的“第三代”自动手枪。该枪舍弃了已经沿用多年的安置在套筒尾部的待击解脱杆，而改为安装在底把上的待击解脱杆。由于没有了手动保险，因此第一发总是双动击发的，后续的都是单动。

M1076 手枪握把采用模块化设计

该枪枪身大部分由不锈钢制成，弹匣也是不锈钢，标准的弹匣容量为 9 发，并且 FBI 还为其特工配备 11 发和 15 发加长弹匣。瞄准具为柱形准星和缺口照门，准星和照门都可横向调整，且嵌有夜间瞄准用的氚光点。

●作战性能

M1076 手枪的枪身坚固、弹容量大，综合性能较为出色，适合夜间使用。遗憾的是，M1076 手枪只被 FBI 使用了还不到 5 年的时间，成为 FBI 所采用过的最短命的手枪。究其原因，并不是因为 M1076 手枪的性能无法满足 FBI 的要求，而是因为该枪配用的 10 毫米减装药弹需要专门订购，不利于 FBI 的后勤保障工作。因此，FBI 改为配发格洛克 23 手枪，M1076 手枪也很快从市场上消失。

★ M1076 手枪侧面特写

No. 14 德国毛瑟 HSC 半自动手枪

HSC 手枪是由德国毛瑟公司设计生产的一款半自动手枪，属袖珍型手枪。

基本参数	
枪长	165 毫米
枪重	596 克
弹容量	8 发
服役时间	1940 ～ 1984 年
口径	7.65 毫米
有效射程	40 米
枪口初速度	290 米 / 秒
生产数量	25 万把

•研发历史

一战结束后，德国瓦尔特公司推出了 PP/PPK 手枪，获得成功后，毛瑟公司也想在袖珍型手枪领域占据一席之地，开始设计类似的手枪。虽然该公司在这之前也有属于自己袖珍型手枪，但其外观和性能确实不敢恭维。20 世纪 30 年代，毛瑟公司在参考了其他成功的袖珍型手枪后，结合自己

HSC 手枪及弹匣

对该类型武器的理解，推出了 HSC 手枪。

毛瑟公司手枪的理念是，在保证手枪不降低其功能的前提下，尽可能减少枪械零件，而 HSC 手枪充分地体现了这一点。该手枪的很多活动件都具备两个或两个以上的功能，例如无弹匣保险也可起到空仓挂机和抛壳挺的作用。

•武器构造

与早期复杂而精致的军用武器不同，HSC 手枪的内部零件尽可能采用冲压加工件，而且用琴用钢丝弹簧代替了较昂贵的机械加工弹簧，使其成为一支简洁而粗犷的手枪，适合大批量生产。因为 HSC 手枪扳机是双动的，所以扳机可以处于两个位置：一个是双动击发位置，另一个是更加靠后的单动击发位置。该手枪握把的设计也有很好的人机功效。其后部向内凹陷的弧度非常大，有助于射手握持。

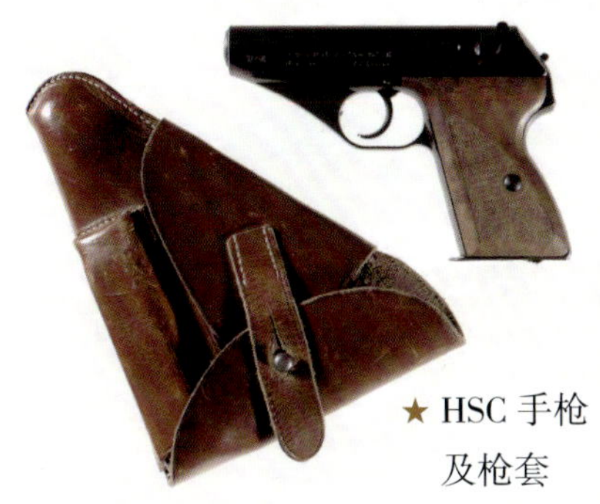

★ HSC 手枪及枪套

HSC 手枪枪口特写

•作战性能

HSC 手枪流线形的外观使其具有强大的视觉冲击感，使用 7.65 毫米口径弹药，威力较大，因此受到高度评价。不过该手枪在市场竞争中败于瓦尔特双动系列手枪，于是毛瑟公司开始改进 HSC 手枪，改进后的 HSC 手枪于 1940 年开始生产。

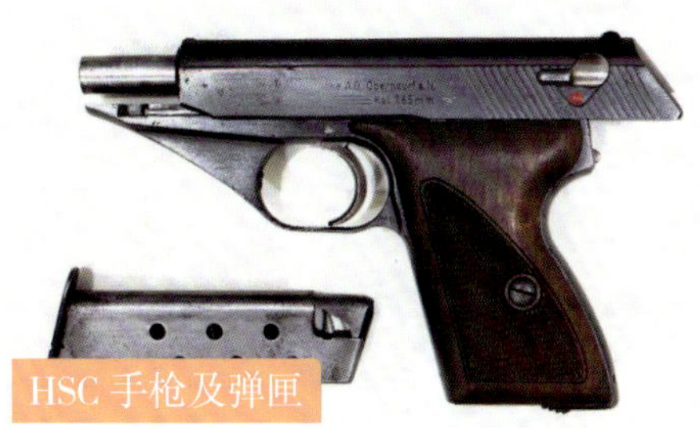

HSC 手枪及弹匣

毛瑟 HSC 手枪底部特写

No. 15 德国博查特 C-93 手枪

基本参数	
枪长	279 毫米
枪重	1160 克
弹容量	8 发
服役时间	1893 ～ 1945 年
口径	7.65 毫米
有效射程	50 米
枪口初速度	326 米 / 秒
枪机种类	肘节式起落闭锁

博查特 C-93 手枪是德国枪械设计师雨果 · 博查特于 1893 年设计的一款半自动手枪，虽然其在当时没有引起重视，但其设计开创了半自动手枪的新纪元。

★ C-93 手枪 3D 图

美籍德国人雨果·博查特是 17 世纪一个著名的枪械设计师，虽然他成功设计了不少枪械，但那时诸如马克沁、约瑟夫·劳曼等老资格枪械设计师的光芒掩盖了博查特的风头，前者设计出了红遍欧洲的马克沁重机枪，后者开发出了第一款半自动手枪——肖伯格手枪。博查特为了能在枪械这一行业立足，决心设计一款前所未有枪械，至少能与上述两者相提并论。不过由于马克沁重机枪已属完美之作，只有肖伯格手枪仍有缺陷，所以博查特决定以该手枪为突破口。1893 年，经过多年的苦苦钻研，博查特最终推出了第一种又实用价值的半自动手枪——博查特 C-93 手枪。

★ C-93 手枪侧面

博查特 C-93 手枪的独特之处是运用了肘节式起落闭锁的机制，当子弹被击发时枪机会像毛毛虫走路般曲起，以完成推弹入膛和抛壳的过程。其发射的枪弹是与它一同研制的 7.65×25 毫米博查特弹，供弹具为 8 发容量弹匣。尽管此枪设计独特，火力强大，射击精准度高，射击速度快，但因其昂贵的生产成本及过于笨重的缘故而没有普及起来。然而，它的诞生启发了后来一些枪械的设计思想，包括著名的鲁格 P08 手枪和毛瑟 C96 手枪。

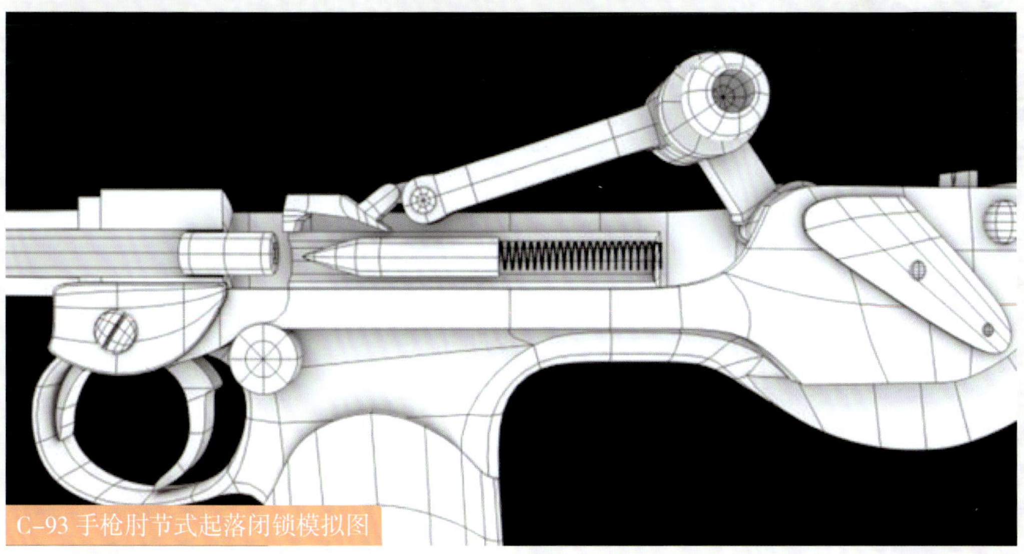

C-93 手枪肘节式起落闭锁模拟图

No. 16 德国鲁格 P08 半自动手枪

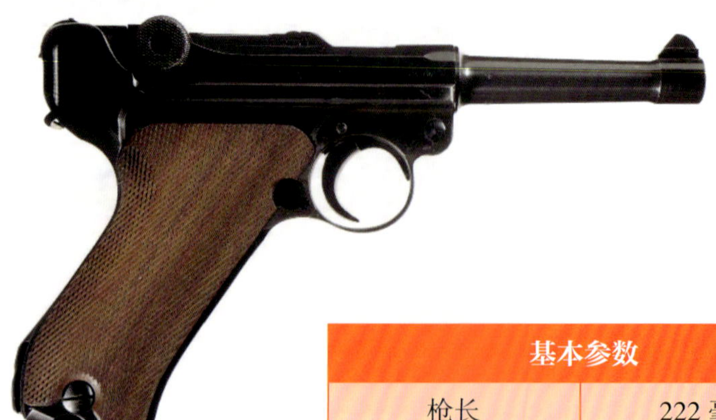

基本参数	
枪长	222 毫米
枪重	850 克
弹容量	8 发
服役时间	1908 ～ 1945 年
口径	9 毫米
有效射程	50 米
枪口初速度	351 米 / 秒
枪机种类	肘节式起落闭锁

鲁格 P08 手枪是两次世界大战里德军最具有代表性的手枪之一。鲁格 P08 停产以后，只有警察中还有人使用。由于知名度颇高，该枪至今仍是世界著名手枪之一。

●研发历史

1893 年，美籍德国人雨果 · 博尔夏特发明了世界上第一种自动手枪——7.65 毫米 C-93 式博尔夏特手枪，但该枪外形笨拙不实用。后来，和他同一个工厂的乔治 · 鲁格对这种手枪的结构进行了改进设计，并于 1899 年定型。1900 年，该枪被瑞士选为制式手枪，此后，鲁格公司继续进行对该枪的改良，1904 年，改良后使用 9 × 19 毫米口径子弹的鲁格手枪被德国海军采用，1908 年又被陆军作为制式自卫武器，并命名为 P08。

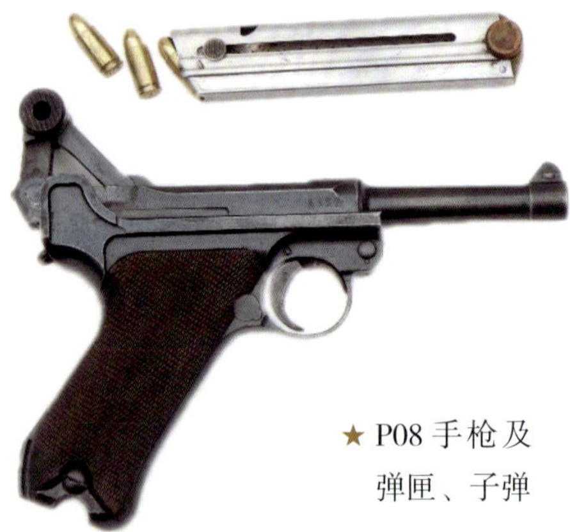

★ P08 手枪及弹匣、子弹

•武器构造

鲁格 P08 手枪最大的特色是其肘节式闭锁机，它参考了马克沁重机枪及温彻斯特贡杆式步枪的工作原理，枪管短后坐式，是一种性能可靠、质地优良的武器。它有多种变型枪，其中，P08 炮兵型是该系列手枪中的佼佼者，极其珍贵，由德国 DWM 公司于 1914 ~ 1918 年生产，仅生产了 2 万把。其准星为三角形斜坡准星，可调风偏。炮兵型鲁格 P08，手枪的射击精度较高，能够命中 200 米处的人像靶。

★ P08 手枪分解图

黑色涂装的 P08 手枪

•作战性能

鲁格 P08 手枪造型优雅，生产工艺要求极高，构造复杂，零部件较多，成本也高，因此不适合战争时期大量配备。

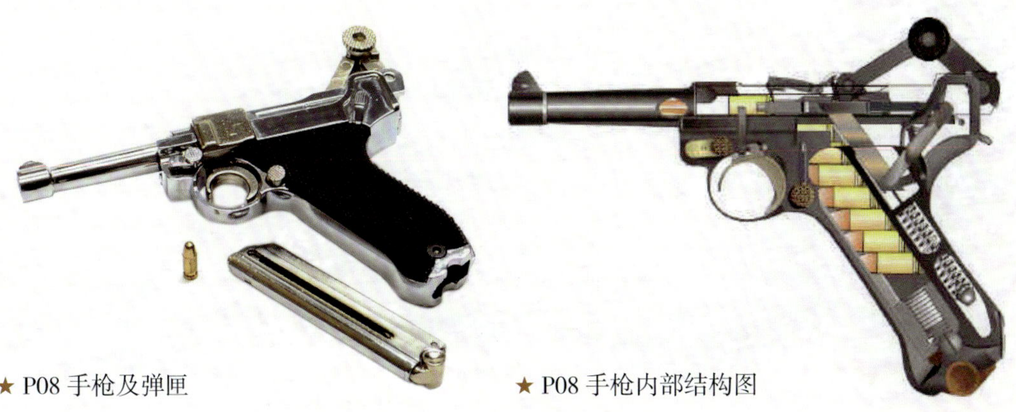

★ P08 手枪及弹匣

★ P08 手枪内部结构图

No. 17 德国瓦尔特 P1 半自动手枪

基本参数	
枪长	216 毫米
枪重	800 克
弹容量	8 发
服役时间	1956 年至今
口径	9 毫米
有效射程	50 米
枪口初速度	365 米 / 秒
枪机种类	后坐作用

P1 是德国瓦尔特公司设计生产的一种半自动手枪。该手枪在二战期间被广泛采用，尽管其出现原先是为了取代成本昂贵的鲁格 P08 手枪，然而直到二战结束时也没有完全取代。

●研发历史

二战结束后，作为战败国的德国被美国、英国、法国和苏联分割占领，瓦尔特公司所在地采拉－梅利斯被苏军占领。瓦尔特公司的几位主要人物为了保住自己的性命，携带许多轻武器设计与生产图纸秘密逃出采拉梅利斯，向南部的美军占领区投降，并以瓦尔特公司较先进的轻武器技术资料作为交易，获得了优待俘虏的待遇。

P1 手枪侧面特写

1950 年，瓦尔特公司在联邦德国的乌尔姆重新建立。联邦德国为了大量装备自己的军队，需要在国内生产军用手枪。此时，瓦尔特公司一马当先，决定用这个机会大捞一笔，并想以此来恢复曾经的荣耀。瓦尔特公司将二战前德军制式瓦尔特 P38 手枪与校官标准手枪（PP/PPK 手枪）分别重新设计并生产。后来，这三种枪都被选作军用制式，分别命名为 PI、P21 和 P22 手枪。其中，PI 手枪加工优良，自 1956 年采用以来，长期作为联邦德国及后来德国军队主要军用手枪。

•武器构造

P1 手枪套筒左上方开有矩形抛壳孔，顶面的前后端安装准星与表尺，两侧的后部有便于拉动的防滑斜纹，后方的上部有手动保险。

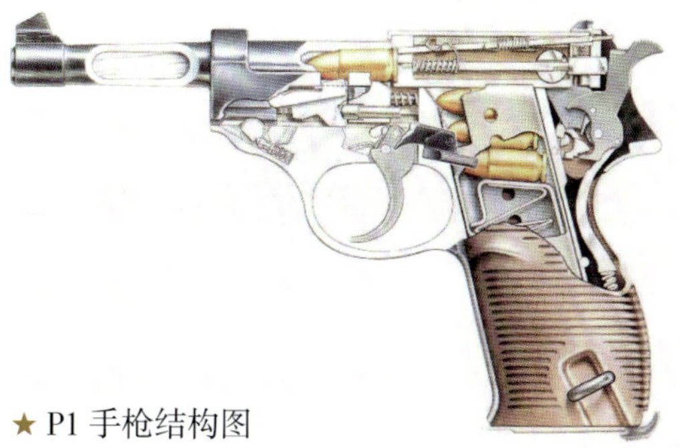

★ P1 手枪结构图

P1 手枪及弹匣

•作战性能

P1 手枪虽然加工优良，但结构复杂、成本高，尤其是它的双动机构调整困难，枪管从套筒突出的整体配置方式陈旧，因此在制造过程中相当麻烦，直到二战结束时也没有完全取代鲁格 P08 手枪。

黑色涂装的 P1 手枪

No. 18 德国瓦尔特 PP/PPK 半自动手枪

瓦尔特 PP 是由德国卡尔·瓦尔特运动枪有限公司制造的半自动手枪，瓦尔特 PPK 是瓦尔特 PP 的派生型，尺寸略小。虽然两者都已经诞生了 80 多年，但仍是小型手枪的经典之作。

基本参数	
枪长	170 毫米
枪重	665 克
弹容量	8 发
服役时间	1929 年至今
口径	9 毫米
有效射程	30 米
枪口初速度	256 米 / 秒
枪机种类	后坐作用

•研发历史

一战结束后，各参战国签订了《凡尔赛条约》。德国作为战败国，受到了很多限制，其中一条就是枪械的口径不得超过 8 毫米，枪管长不得超过 100 毫米。鉴于此，瓦尔特公司于 1929 年开发了一种具有划时代意义的半自动手枪——瓦尔特 PP。这种手枪使用了原本只用在左轮手枪上的双动发射机构，实现了历史性跨越。

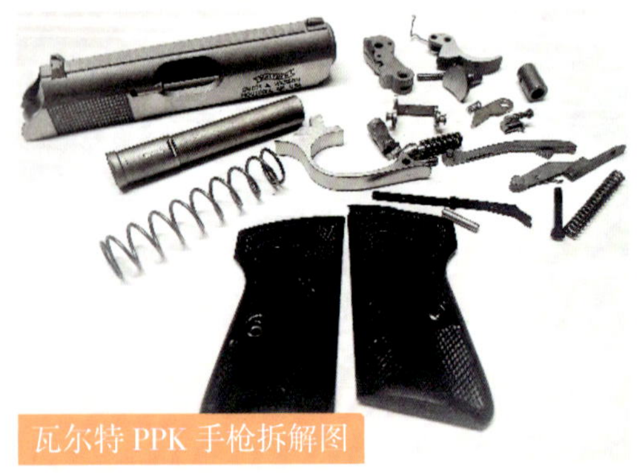

瓦尔特 PPK 手枪拆解图

1930 年，为了满足高级军官、特工、刑事侦探人员的需求，瓦尔特公司又在 PP 手枪的基础上推出了 PPK 手枪。与 PP 相比，PPK 的性能毫不逊色，“体形”却比前者更小巧，方便隐蔽携带，在使用安全性上的设计也更为周到，例如在握把底面后端增加了背带环等。

•武器构造

瓦尔特 PP/PPK 构成了一个适合于特殊工作需要的自卫手枪族，它们的结构极为简单，两枪的零件总数分别是 42 件和 39 件，而其中可以通用的零件为 29 件。

瓦尔特 PP/PPK 采用外露式击锤，配有机械瞄准具。套筒左右都有保险机柄，套筒座两侧加有塑料制握把护板。弹匣下部有一塑料延伸体，能让射手握得更牢固。此外，两者都使用 9 毫米柯尔特自动手枪弹。

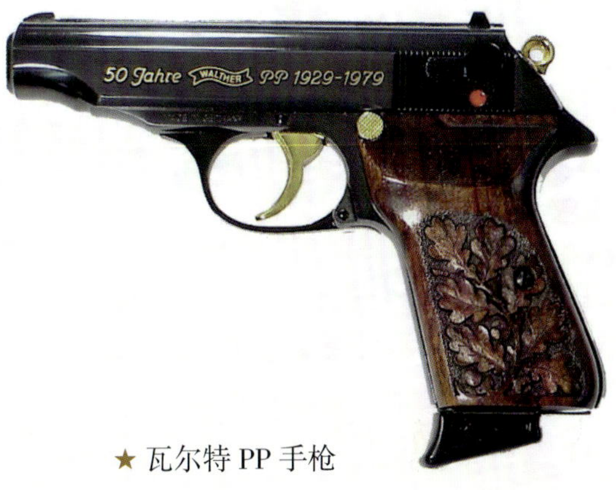

★ 瓦尔特 PP 手枪

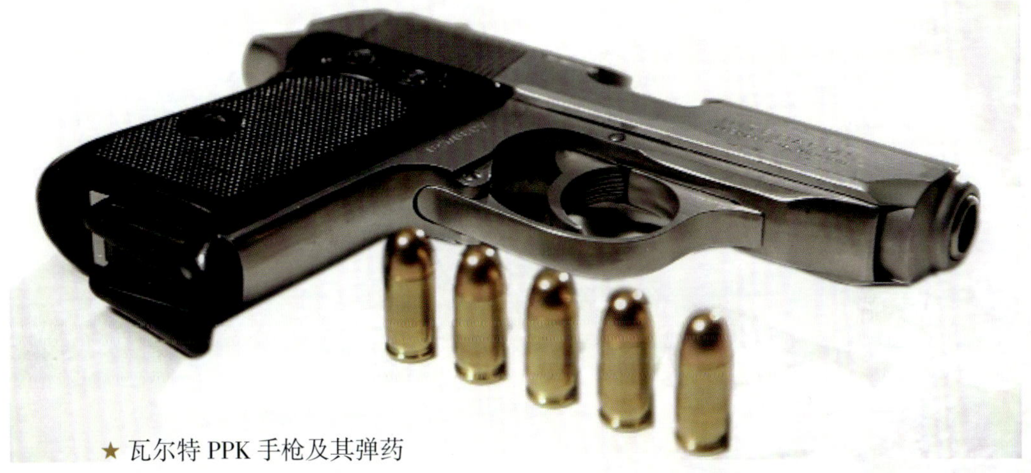

★ 瓦尔特 PPK 手枪及其弹药

•作战性能

瓦尔特 PP/PPK 采用自由枪机式工作原理，枪管固定，结构简单，动作可靠。瓦尔特 PP/PPK 手枪的成功在于它把左轮手枪的双动发射机构，与自动手枪结合在一起，实现了划时代的历史性跨越。

★ 瓦尔特 PPK 手枪

No. 19 德国瓦尔特 PPQ 半自动手枪

基本参数	
枪长	180 毫米
枪重	615 克
弹容量	10/15/17 发
服役时间	2011 年至今
口径	9 毫米
有效射程	50 米
枪口初速度	408 米 / 秒
枪机种类	双动式、半自动

PPQ 手枪是瓦尔特公司为德国执法部门所设计的一款半自动手枪，其部分设计有借鉴于 P99 手枪，包括弹匣在内的部件可通用。

●研发历史

快速防卫型扳机（即当扳机被扣动时，扳机连杆上的凸起物顶起连系着击针保险的分离式控制杆，撑起一个阻铁钩，同时让完全预先装填的击针总成释放并向前移，并使手枪射击）是瓦尔特公司自主研发的一种新型扳机系统，有着不错的实用性。该公司为将这种系统发扬光大，需要

PPQ 手枪侧面特写

一种新型手枪来装置快速防卫型扳机。另一方面，德国军警和平民对瓦尔特公司的产品非常信赖，都支持其研发新型扳机系统手枪。得到其他人的肯定，加上自己的欲望，瓦尔特公司最终推出了快速防卫型瓦尔特 PPQ 手枪。

•武器构造

PPQ 设有三个保险装置，即扳机保险、内置式击针保险和快速保险功能。该手枪套筒、抛壳口上方的开口具有上膛指示器，如果膛室内装弹的话，使用者可以通过该开口看到。

另外，该手枪装有一根使用传统型阳膛和阴膛的枪管，子弹通过这种枪管时非常稳定，不会“东倒西歪”。枪管下方的复进簧导杆尾部加装了一个蓝色聚合物帽，这既能减少枪管与复进簧导杆尾部接触位置的摩擦损耗，也能够防止使用者在维护手枪后，安装复进簧导杆时出现如倒装的装置问题。

★ PPQ 手枪及配件

•作战性能

PPQ 手枪是老牌枪械公司瓦尔特公司新时代的作品，在继承过去优秀手枪特性的同时，还使用了新型技术。“新旧结合”的设计使得该手枪的实战性能变得更加优秀，可靠性也更好，是一款攻守皆宜的武器。

★ 带有枪套的 PPQ 手枪及子弹　　★ 黑色涂装的 PPQ 手枪

No. 20 德国瓦尔特 P38 半自动手枪

基本参数	
枪长	218 毫米
枪重	800 克
弹容量	8 发
服役时间	1938 ～ 1950 年
口径	9 毫米
有效射程	50 米
枪口初速度	365 米 / 秒
生产数量	100 万把

瓦尔特 P38 是二战中德军使用最为广泛的手枪之一，具有外形美观、性能稳定、工艺先进等特点。

●研发历史

瓦尔特 P38 是由德国瓦尔特武器公司于 1930 年研制的一种 9 毫米口径半自动手枪，此枪在二战期间被广泛采用。尽管该枪的出现原先是为了取代成本昂贵的鲁格 P08 手枪，然而直到二战结束时也没有完全取代。最初提交给军方的是一种使用闭锁式枪膛和内置式击锤的手枪，但由于德国陆军要求此枪必须具备外露击锤，因此该枪被重新设计。P38 的概念于 1938 年被德

★ P38 手枪及枪套

国军方采纳，然而其样枪却在 1939 年末才正式投入生产。其后，瓦尔特公司开始在位于策拉 – 梅利斯的工厂生产这些“试验型”手枪，这些手枪的序编号均是“0”字开头的。而第三系列手枪根据德国陆军的要求解决了没有外露击锤的问题，并于 1940 年中期投入大规模生产。

★ 黑色涂装的 P38 手枪

•武器构造

P38 的自动方式为枪管短后坐式，击发后，火药气体将闭锁在一起的枪管和套筒后推，经过自由行程后，弹膛下方凸耳内的顶杆抵在套筒座上，并向前撞击闭锁卡铁后端斜面迫使卡铁向下旋转，使上凸笋离开套筒上的闭锁槽，实现开锁。该手枪还有一个安全可靠的双动系统，这样，即使膛内有弹也不会发生意外。

★ P38 手枪未完全分解图

★ P38 手枪多角度特写

P38 手枪及子弹

•作战性能

P38 手枪是一种双重制动的武器，在装上弹药、竖起击铁后，可以再松下击锤，然后在任何时候都可以迅速扳起击铁并扣动扳机打出枪膛内的子弹。在紧急情况下，迅速开火比瞄准更重要，该枪仅需简单地扣动扳机就可以完成竖起击铁和射出枪膛里的子弹这一系列动作。

No. 21 德国瓦尔特 P88 半自动手枪

基本参数	
枪长	187 毫米
枪重	568 克
弹容量	16 发
服役时间	1988 ～ 1996 年
口径	9 毫米
有效射程	60 米
枪口初速度	300 米 / 秒
生产数量	5000 把

瓦尔特 P88 手枪是一款全新设计的手枪，它舍弃了瓦尔特公司运用了长达 50 年的独特闭锁原理，换用勃朗宁的闭锁系统，这个经历了 100 年的闭锁系统现在仍然是设计主流。

●研发历史

P88 半自动手枪是瓦尔特公司在 1988 年研制的。该手枪继承了 P5 半自动手枪的降下击锤系统，并采用勃朗宁式枪身闭锁机构和全新的设计，于 1996 年停产。

P88 手枪侧面特写

•武器构造

P88 手枪采用枪管短后坐工作原理，枪管摆动式闭锁。其主要特点是两侧均有解脱杆、挂机柄和弹匣卡笋。保险机构为击针保险式，击针通常与击锤打击面不对正，即使击锤偶然向前回转，也撞不到击针，只有扣动扳机时，击针后端才会抬起，对准击锤的打击面。P88 手枪也采用与勃朗宁 HP 手枪相同的大型复进簧，这能有效降低射击所产生的后坐力。

黑色涂装的 P88 手枪

枪套中的 P88 手枪

P88 手枪及弹匣

•作战性能

该手枪的弹匣采用双排设计，载弹量达到 15 发，加上枪膛中的 1 发一共多达 16 发。使用的弹药为 9×19 毫米口径手枪弹。由于该手枪的价格较高，直到停产都没有被任何一个国家采纳为制式武器。

★ P88 手枪侧面特写

No. 23 德国 HK45 半自动手枪

基本参数	
枪长	191 毫米
枪重	785 克
弹容量	12 发
服役时间	2006 年至今
口径	11.43 毫米
有效射程	40 ～ 80 米
枪口初速度	260 米 / 秒
枪机种类	短行程后坐作用、勃朗宁式摆动型枪管

HK45 是德国军火制造商黑克勒 - 科赫公司（HK 公司）在位于德国新罕布什尔州纽因顿镇的新工厂所生产的第一种手枪，有多种衍生型。

●研发历史

HK45 是由 HK 公司于 2006 年设计、2007 年生产的半自动手枪，其设计目的是要满足美军“联合战斗手枪”计划中的各项规定。该计划打算为美国特种部队更换一种可以发射 11.43 毫米口径 ACP 普通弹、比赛级弹和高压弹的半自动手枪，并且取代 M9 手枪。不过，“联合战斗手枪”计划在 2006 年被终止，目

HK45 手枪

前 M9 手枪仍然是美军的制式手枪。但 HK 公司继续改进 HK45，并把它投入商业、执法机关和军事团体的市场。

•武器构造

HK45 手枪基本上是 HK USP45 和 HK P2000 的经验合并，并借用了一些 HK P30 的改进要素，所以 HK45 具有以上手枪的许多内部和外部特征。它最明显的外表变化是略向前倾斜的套筒前端，在扳机护圈前方有皮卡汀尼导轨，握把前方带有手指凹槽。与 HK P2000 一样，HK45 也有可更换的握把背板，以适应使用者手掌大小。为了更符合人体工学，HK45 使用容量为 12 发的专用可拆式双排弹匣。

★ HK45 手枪分解图

•作战性能

HK45 手枪大量使用了新型材料和新技术加工工艺，加上良好的人机工效设计，从而使得该枪的操作十分方便快捷，并且具有优良的功能扩展性。

装有消音器的 HK45 手枪

HK45 手枪枪口特写

No. 24 德国 HK P7 半自动手枪

基本参数	
枪长	171 毫米
枪重	785 克
弹容量	8 发
服役时间	1979 ～ 2008 年
口径	9 毫米
有效射程	50 米
枪口初速度	351 米 / 秒
生产数量	3500 把

黑色涂装的 HK P7 手枪侧面特写

20 世纪 70 年代，德国的恐怖分子相当猖獗，并且装备着高端武器。为了能够打压这些恐怖分子，德国警方对警用型自动手枪提出火力强大、操作迅速等要求。在此背景下，HK P7 手枪应运而生。

HK P7 手枪与大部分自动手枪不同，它背离了传统手枪的结构设计。该枪采用气体延迟式开闭锁机构，击发后，部分火药燃气从枪管弹膛前方的小孔进入枪管下方的气室内，当套筒开始后坐时，作用在与套筒前端相连的活塞上的火药燃气给套筒一个向前的力，这样就延迟了套筒的后坐，从而减轻了后坐振动，使工作更加平稳。此外，该手枪在弹膛有弹的情况下也可以被人安全携带，在需要快速出枪时又可以立即解除保险进行射击。这种独特的导气式延迟开锁机构、握把保险和击发机构，使得该手枪不仅设计风格独树一帜，性能更是“鹤立鸡群”。该手枪不仅在德国警察、军队中服役了相当长的时间，至今英国特别空勤团、美国“三角洲”特种部队、美国中情局等众多著名部队、机构都在使用。

★ HK P7 手枪及配件

HK P7 手枪及弹匣

No. 25 德国 HK VP70 半自动手枪

基本参数	
枪长	204 毫米
枪重	1100 克
弹容量	18 发
服役时间	1970 ～ 1989 年
口径	9 毫米
有效射程	50 米
枪口初速度	360 米 / 秒
枪机种类	后坐作用、纯双动

HK VP70 手枪是一种新颖的、结构特殊的半自动手枪，当单手射击时，可作为手枪使用。当将枪套作为枪托使用时，可作为冲锋枪使用，并可进行 3 发点射。

★ 装有枪托的 HK VP70 手枪

HK VP70 手枪靠套筒

惯性和复进簧力来控制套筒的后坐运动。该手枪的一个重要的特点是双动结构，因此，枪上没有保险装置；另一个特点是大量采用塑料件和铝制件，如套筒座为塑料件。

HK VP70 手枪的改进版 HK VP70M 为军用型，HK VP70Z 为民用型（只能进行半自动射击），此外，它的另一种改进版 HK VP71 取消了 3 点发射方式。

★ HK VP70 手枪及弹匣

★ HK VP70 手枪上方视角

No. 26 德国 HK USP 半自动手枪

USP 是 HK 公司研发的一种半自动手枪。该手枪性能优秀，被世界多个国家的军队和警察作为制式武器。

基本参数	
枪长	194 毫米
枪重	780 克
弹容量	12/13/15 发
服役时间	1993 年至今
口径	9/10/11.43 毫米
有效射程	50 米
枪口初速度	285 米 / 秒
枪机种类	后坐作用、双动 / 纯双动扳机

★ USP 手枪前侧方特写

●研发历史

20 世纪中后期，HK 公司先后推出了不少性能优秀的手枪，例如 HK4、P7 和 P9S 手枪等。这些手枪占据了德国军警大部分市场，也为 HK 公司带来了大量的收入。但是该公司并没有得意忘形，反而是静心“修炼”以便设计出更好的手枪。另一方面，20 世纪 90 年代，手枪开始偏向轻量化，采用聚合物料。于是 HK 公司为能跟上潮流，抢占市场，推出了 USP 手枪。

•武器构造

USP 手枪由枪管、套筒座、套筒、弹匣和复进簧组件 5 个部分组成，共有 53 个零件。其滑套以整块高碳钢加工而成，表面经过高温和氮气处理，具有很强的防锈和耐磨性。该手枪的枪身由聚合塑胶制成，为避免滑套与枪身质量分布不均，在枪身内衬了钢架降低重心，以增强射击稳定性。

USP 手枪的撞针保险和击锤保险为模块式，且扳机组带有多种功能，能依射手的习惯进行选择。9 毫米型号的载弹量为 15 发，10 毫米和 11.43 毫米型为 13 发和 12 发，相较其他手枪该手枪有载弹量大的特点。

USP 手枪分解照

★ USP 手枪侧方的特写

•作战性能

USP 手枪的结构合理，动作可靠，经过双重复进簧装置抵消后坐力，其快速射击时的精度也大大提高。该手枪还可加装多种战术组件，大大增强了在特殊环境下的作战性能。

HK USP 手枪及弹药

加装消音器的 HK USP 手枪

No. 27 德国 HK Mk 23 Mod 0 半自动手枪

基本参数	
枪长	421 毫米
枪重	1210 克
弹容量	12 发
服役时间	1996 ～ 2010 年
口径	11.43 毫米
有效射程	20 ～ 50 米
枪口初速度	260 米 / 秒
枪机种类	枪管短后坐

Mk 23 Mod 0 是 1991 年由 HK 公司的枪械设计师海穆特 · 威尔多设计的半自动手枪。Mk 23 Mod 0 手枪曾成功击败柯尔特 OHWS，并且通过了美国特种部队司令部的特种部队作战计划。

•研发历史

20 世纪 80 年代，美国特种作战司令部为加强下属特战队员的作战力，向外发出了新型手枪的招标信息。1980 年，德国 HK 公司带着自己的新型手枪同其他公司的一起参与了此次招标竞争。在经过测试之后，HK 公司对 Mk 23 Mod 0 手枪经过一些少量修改。第一批 Mk 23 Mod 0 手枪于 1996 年 5 月 1 日运送到美国特种部队司令部。

Mk 23 Mod 0 手枪上方视角

•武器构造

Mk 23 Mod 0 手枪手动保险的位置是在大型待击解脱杆的后部，而弹匣释放按钮的位置是在扳机护圈的后部，并且两者都特别设计得很大，以便双手的大拇指能够直接操作和戴上手套射击时轻松上弹。设于左侧的大型待击解脱杆是在手动保险的前部，能降低外置式击锤以锁上全枪。复进簧之中装了一个申请了专利的后坐力缓冲部件以降低射击时的后坐力，从而提高精确度。

Mk 23 Mod 0 手枪及军用匕首

Mk 23 Mod 0 手枪及弹匣

•作战性能

在经过严格的测试中，Mk 23 Mod 0 手枪在恶劣环境下不仅有着特别高的耐久性、防水性和耐腐蚀性，而且可以发射数万发子弹，枪管不会损坏或需要更换，完全符合特种部队作战的要求。虽然 Mk 23 Mod 0 具有精度极高等优点，但是它在尺寸和质量两方面都实在过大和过重，因此降低了其在防守情况下的通用性、舒适性以及拔枪速度。

加装战术组件的 Mk 23 Mod 0 手枪

★ 加装消音器的 Mk 23 Mod 0 手枪

No. 28 德国 HK P2000 半自动手枪

基本参数	
枪长	173 毫米
枪重	620 克
弹容量	10/12 发
服役时间	2001 年至今
口径	9 毫米
有效射程	50 米
枪口初速度	355 米 / 秒
枪机种类	后坐作用、闭膛待击

展览中的 HK P2000 手枪

HK P2000 半自动手枪是 HK 公司于 2001 年在紧凑型 USP 手枪的基础上研制的，主要用于执法机关、准军事和民用市场。它的特点是减少了操作时所造成的压力，同时增加了使用者操作和射击时的舒适度。此外，HK P2000 跟随着现代手枪设计趋势，为了减轻全枪重量和生产成本，大量采用耐高温、耐磨损的聚合物和钢材混合材料。

该手枪采用模组化设计，以适应不同使用者的需要。套筒下方、扳机护圈前方的防尘盖整合了一条通用配件导轨，以安装各种战术灯、激光瞄准器和其他战术配件。安装好的配件十分稳固，无须使用其他辅助工具。但它使用的是 HK 手枪专有的配件导轨，所以限制了可以使用的战术配件种类。另外，该手枪装有非常灵巧的套筒锁（空枪挂机杆）和弹匣卡笋，安装在扳机护圈附近的两侧，两手皆可让拇指舒服地操作，进而快速识别弹量和更换弹匣。

HK P2000 手枪及使用的子弹

★ 加装战术组件的 HK P2000 手枪

No. 29 苏联 TT-30 半自动手枪

基本参数	
枪长	196 毫米
枪重	840 克
弹容量	8 发
服役时间	1930 ～ 1950 年
口径	7.62 毫米
有效射程	50 米
枪口初速度	420 米 / 秒
生产数量	170 万把

TT-30 手枪是由苏联著名枪械设计师托卡列夫于 1930 年设计，图拉兵工厂生产的一种半自动手枪。该手枪于 1931 年被苏联采用，成为苏联的军用制式手枪，目前已被淘汰。

●研发历史

1920 年，苏联使用的手枪绝大部分是从德国购入的毛瑟 C96 手枪，这种手枪因采用火力强大的 7.62×25 毫米枪弹而深受苏联红军青睐。1930 年，苏联革命议会要求设计一款本土的新型手枪。1931 年 1 月 7 日，托卡列夫设计了一款新型手枪，也就是 TT-30 手枪。此枪一出，便赢得了众多士兵的喜爱，于是该枪被选中成为能替代国外手枪的新型手枪。

★ TT-30 手枪

•武器构造

TT-30 手枪使用 7.62×25 毫米口径手枪子弹，在外观和内部机械结构方面，与 FN M1903 手枪有异曲同工之妙，不过不同的是 TT-30 手枪发射子弹时枪机后坐距离较短。

TT-30 手枪在开始投产后简化了一些设计，如枪管、扳机释放钮、扳机及底把等，以便更易于生产，这种改进型名为 TT-33。为了降低生产成本，苏联在 1946 年再一次对 TT-33 手枪进行了简化的设计。

TT-30 手枪分解照

•使用情况

1954 年苏联停止生产 TT-33 手枪后，便把设备卖给多个友好国家，并允许他们进行仿制，有些国家至今仍在生产及采用仿制品。20 世纪 80 年代，TT-33 仍在多个国家的军警中服役或用作储备。

因其低廉的成本，所以不法分子容易从黑市中购买到（在黑市中 TT-33 手枪占了不少数目，当中不少是从苏联的军火库中盗取的），另外也可能与苏联在冷战期间大量对外输出武器有关，TT-33 已成为一款犯罪组织及恐怖组织常用的枪支。

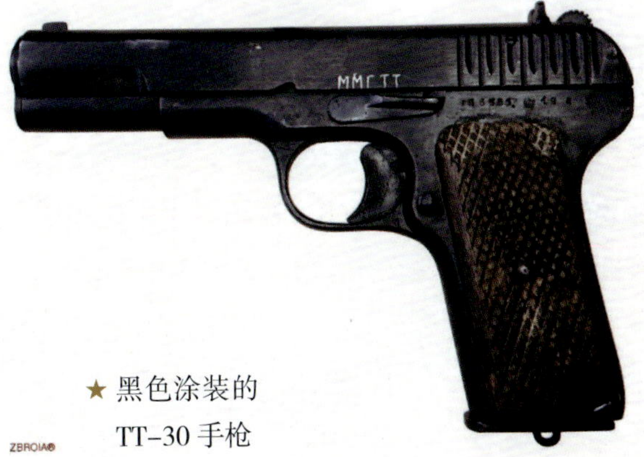

★ 黑色涂装的 TT-30 手枪

No. 30 苏联 / 俄罗斯马卡洛夫 PM 手枪

马卡洛夫 PM 手枪由尼古拉·马卡洛夫设计，20 世纪 50 年代初成为苏联军队的制式手枪，1991 年开始逐渐退出现役，但目前仍在俄罗斯和其他许多国家的军队及执法部门中大量使用。

基本参数	
枪长	161 毫米
枪重	730 克
弹容量	8 发
服役时间	1951 年至今
口径	9 毫米
有效射程	50 米
枪口初速度	315 米 / 秒
生产数量	2 万把

★ 马卡洛夫 PM 手枪及弹匣

●研发历史

1950 年，苏联军事专家马卡洛夫发现手枪在战场上的使用率极低，这是因为手枪通常提供给军官自卫之用，当时装备的托卡列夫手枪的体积过大、使用不便，而且这款手枪的设计已经显得过时。于是，马卡洛夫便以德国的瓦尔特 PPK 手枪为基础，研制出了马卡洛夫 PM 手枪。

★ 马卡洛夫 PM 手枪及子弹

•武器构造

马卡洛夫 PM 手枪与瓦尔特 PPK 手枪的结构基本相同，区别主要在 6 个地方。第一，马卡洛夫 PM 手枪为左旋复进簧。第二，马卡洛夫 PM 手枪的击锤头与 PPK 不同。第三，马卡洛夫 PM 手枪没有子弹上膛显示器。第四，马卡洛夫 PM 手枪的弹匣卡笋设在握把底部。第五，马卡洛夫 PM 手枪将击锤发弹簧改为弹片。第六，马卡洛夫 PM 手枪有滑套卡笋，在最后一发子弹射出后弹匣托扳会顶住卡笋，使滑套停留在后方。

★ 马卡洛夫 PM 手枪及使用的弹药

•作战性能

马卡洛夫 PM 手枪具有体积小、质量轻的特点，一般配发中级以上军官。该枪用途广泛，生产量大，是世界名枪之一。俄罗斯在此枪基础上还开发了变型枪，包括军用马卡洛夫手枪（PMM）和民用马卡洛夫手枪贝尔加 Izh-70 系列。

★ 使用马卡洛夫 PM 手枪的俄罗斯士兵

No. 31 苏联/俄罗斯 MP-446 “海盗”手枪

基本参数	
枪长	196 毫米
枪重	830 克
弹容量	10/18 发
服役时间	1998 ～ 2000 年
口径	9 毫米
有效射程	50 米
枪口初速度	350 米 / 秒
枪机种类	枪管摆动式、后膛装填、双动操作

MP-446“海盗”手枪可与格洛克 17 手枪媲美，目前，除了作为民用型出口外，还作为俄罗斯保安人员与政府官员的自卫武器。

●研发历史

马卡洛夫 PM 手枪自服役于苏联军队开始，便跟随苏联军队南征北战无数个年头。1998 年，苏联军方决定开发一款新型手枪，以取代过去的马卡洛夫 PM 手枪。军方把该任务下达给了苏联最大的手枪生产基地——伊热夫斯克兵工厂。

在接到军方下达的任务后，伊热夫斯克兵工厂的优秀枪械设计师聚在一起，经过一段时间的探

★ MP-446 手枪及弹匣

讨，终于设计出了两款手枪：MP-443 手枪和 MP-446 手枪。俄军进行制式手枪选型试验时，最后选用 MP-443 作为新一代军用制式手枪，而 MP-446 被作为民用手枪。

•武器构造

MP-446 手枪可单动发射也可双动发射。在握把上方左右两侧成对配置手动保险杆，左右手均可操作。手动保险杆推向上方位置为保险状态，不仅锁住扳机和阻铁，也锁住击锤和套筒。枪管后端装有卡铁，该卡铁为一独立件，便于加工。复进簧导杆与空仓挂机轴装在枪管后端的下方，空仓挂机扳把设在套筒左侧。弹匣为钢制件，有 10 发和 18 发两种弹容量，弹匣托弹板由聚合物制成。弹匣扣设在扳机护圈后部，枪身左右两侧和缺口式照门前方设有较大的斜坡，以便装入手枪套时不会被挂住。

黑色涂装的 MP-446 手枪

•作战性能

除了不能发射强装弹外，MP-446 手枪的性能并不比 MP-443 手枪差，由于该枪是全塑料底把，所以 MP-446 手枪还要轻一些舒适一些，而且在底把前端防尘盖上还整合了附件安装槽，因此安装附件要容易得多。

★ MP-446 手枪未完全分解图

★ MP-446 手枪上方视角

No. 32 苏联/俄罗斯 PSS 微声手枪

基本参数	
枪长	165 毫米
枪重	700 克
弹容量	6 发
服役时间	1983 年至今
口径	7.62 毫米
有效射程	50 米
枪口初速度	331 米 / 秒
枪机种类	反冲式

PSS 手枪是由苏联中央精密机械工程研究院研制的一种特种手枪。

●研发历史

PSS 手枪是专门针对克格勃的特工和苏联陆军中的特种部队而特别研制的。该手枪于 1983 年被正式采用，并取代了 MSP 手枪和 S4M 手枪两种过时且火力不足的特种武器。

★ PSS 手枪及弹匣

•武器构造

世界上常见的微声手枪大多是在枪管前加装消音器，而 PSS 微声手枪却独辟蹊径，采用了一种独特的 SP-4 消音弹，通过阻止火药燃气流出达到消音、消焰目的。这种子弹的有效射程是 50 米，能够穿透 25 米范围内的标准钢盔。发射原理是：枪管前部的内膛做成与弹头直径一样的尺寸，枪管后部的内膛则与弹壳直径相同，然后在弹壳中装入活塞，射击时活塞推动弹头前进，当前进至枪管变径处时，活塞被阻止，而弹头单独继续向前飞行。

★ PSS 手枪分解图

PSS 手枪击发部特写

•作战性能

PSS 手枪采用反冲作用运作，扳机为双动式设计，发射的弹药为苏联研制的 7.62×42 毫米 SP-4 型无音弹，并能有效地配合其发射机制以进行无声射击，更能够有效地抑制枪口焰和烟雾从枪口里冒出。其弹匣容量为 6 发，有效射程为 50 米。

★ PSS 手枪

No. 33 俄罗斯 SR-1“维克托”半自动手枪

SR-1“维克托”手枪威力较大，可以在 50 米内轻易穿透大多数防弹衣。因其出口型套筒侧面刻有斑蝰蛇图案，因此也被人称为“斑蝰蛇”手枪。

基本参数	
枪长	195 毫米
枪重	950 克
弹容量	18 发
服役时间	2003 年至今
口径	9 毫米
有效射程	100 米
枪口初速度	420 米 / 秒
枪机种类	单 / 双动、半自动

•研发历史

1991 年，设计师尤里科夫研制出威力较强的船艉形子弹，编号 RG052，枪械设计师谢尔久科夫根据该子弹设计出了 RG055 手枪。由于 RG055 手枪比传统自卫手枪性能好，所以被俄安全部门看中，进而改进成了 SR-1“维克托”手枪。2003 年 5 月，SR-1“维克托”手枪正式列为俄军制式装备。

SR-1 手枪及弹匣

•武器构造

SR-1 手枪采用枪管短行程后坐与闭锁卡铁摆动式自动原理，枪管是由位于枪管下方的垂直摆动式闭锁卡铁进行闭锁。德国瓦尔特 P38 手枪及意大利伯莱塔 92 手枪亦采用了很相似的设计。当枪管后方的卡铁移动时，与底把（套筒架座）上卡铁的相互作用，超越了凹式卡铁以内的锁耳，枪管从导槽和在底把上的停止锁耳脱开，套筒保持向后移动和压缩复进簧。复进簧将枪管兼作导杆并且环绕在枪管以外。底把的上半部（套筒架座）与握把的骨架为钢制成型部件，握把表面和扳机护圈为高强度玻璃钢强化的聚酰胺（高分子聚合物），而套筒由钢制成。

SR-1 手枪

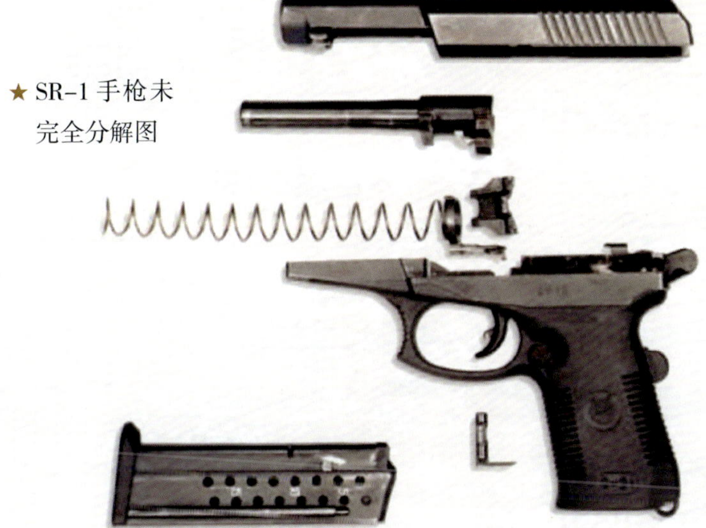

★ SR-1 手枪未完全分解图

•作战性能

该手枪能发射 7N29 手枪穿甲弹、7N28 手枪弹和 7BT3 穿甲曳光手枪弹。如发射手枪穿甲弹，在 50 米距离上可穿透汽车侧板，100 米距离上可击穿 1.4 毫米钛钢板或 30 层凯芙拉材料制成的防弹背心。它的有效射程和火力密集度可比冲锋手枪，而射击精度和侵彻效果又好于冲锋手枪。它的优良性能远远超过一般手枪，堪称世界半自动战斗手枪中的上品。另外，该手枪枪体表面光滑，可迅速从枪套或口袋中取出。

★ SR-1 手枪

No. 34 俄罗斯 GSh18 半自动手枪

基本参数	
枪长	184 毫米
枪重	470 克
弹容量	18 发
服役时间	2000 年至今
口径	9 毫米
有效射程	50 米
枪口初速度	570 米 / 秒
枪机种类	枪管偏转式、后膛装填、纯双动操作扳机

GSh18 手枪是专门为近距离战斗设计的一款军用半自动手枪。

•研发历史

1998 年的夏季，俄罗斯以 P96 手枪为原型设计了一种新型的手枪，也就是 GSh18 手枪。同年该手枪还参加了俄罗斯从 1993 年开始的军队新型手枪试验。两年后，GSh18 开始进行全方位的测试，测试后又进行了一些改进和完善。2001 年，GSh18 被俄罗斯司法部特种部队、内政部和军队特种部队所采用，并开始向国外出口。

GSh18 手枪进行展示

•武器构造

GSh18 手枪采用枪管短行程后坐原理，以及一个不寻常的凸轮偏转式闭锁结构，枪管外表面具有 10 个组成环状、分布均匀的锁耳，回转角度约为 18 度。冷锻法制造的枪管具有 6 条多边形膛线，扳机机构为击针击发、双动操作，并设有一个默认式扳机，扳机上装有 3 毫米厚的钢板。

GSh18 手枪后侧方特写

★ GSh18 手枪未完全分解图

•作战性能

GSh18 手枪是专为近距离战斗设计的军用半自动手枪，具有体积小、重量轻、弹匣容弹量大和射击稳定性好等优点，是俄罗斯乃至世界新一代军用手枪中的佼佼者。

GSh18 手枪上方视角

No. 35 比利时 FN57 半自动手枪

基本参数	
枪长	208 毫米
枪重	744 克
弹容量	10/20/30 发
服役时间	2000 年至今
口径	5.7 毫米
有效射程	50 米
枪口初速度	716 米 / 秒
枪机种类	后吹式延迟闭锁枪机

FN57 手枪是比利时 FN 公司为了推广 SS190 弹而研制的半自动手枪，主要用于特种部队和执法部门。

•研发历史

FN57 是配合 FN P90 冲锋枪而研发的手枪。其名称来自其使用的子弹直径 5.7 毫米，同时第一个及最后一个字母以大写强调是 FN 的产品。因为 P90 所用的子弹是全新研制的，不能用于现有的手枪，为使有手枪可以与 P90 共用同一款子弹，所以 FN 公司研制了 FN57 手枪与之配合，从而使整个武器系统更完整。为使全新的子弹能放进手枪内，1993 年，FN 公司把 SS90 子弹的

★ FN57 手枪

★ FN P90 冲锋枪（上）、FN57 手枪（下）和 SS190 子弹

弹头改短了 2.7 毫米，并由塑料弹头改用较重的铝或钢制弹头。此新子弹称为 SS190 弹，可同时适用于原有的 P90 冲锋枪及新研发的 FN57 手枪，但只销售给军方及执法部门。

直到 2004 年，FN 公司推出 FN57 IOM 版给民用市场，IOM 版加装了 M1913 导轨、弹匣保险装置、可任意调整的准星等。FN 公司同年也推出了 USG 版本以取代 IOM 版本，USG 版本有其他进一步的小改良，被美国烟酒枪炮及爆裂物管理局 (ATF) 认证为运动枪械。

• 武器构造

FN57 手枪是一种半自动手枪，采用枪机延迟式后坐、非刚性闭锁、回转式击锤击发等设计。扣动扳机时，首先装载击针簧，然后释放击针。除非扣动扳机，否则击针不会受到任何压力，因此该手枪没有保险装置。它使用比普通手枪更长的枪弹，但握把设计很符合人体工程学。

FN57 手枪采用延迟后坐式自动方式。射击时，枪管与套筒一起后坐，但枪管在枪弹的摩擦力下向前脉冲。随着弹头射出，枪管的摩擦力消失，套筒后坐一段短行程后停止。

FN57 手枪及使用的弹药

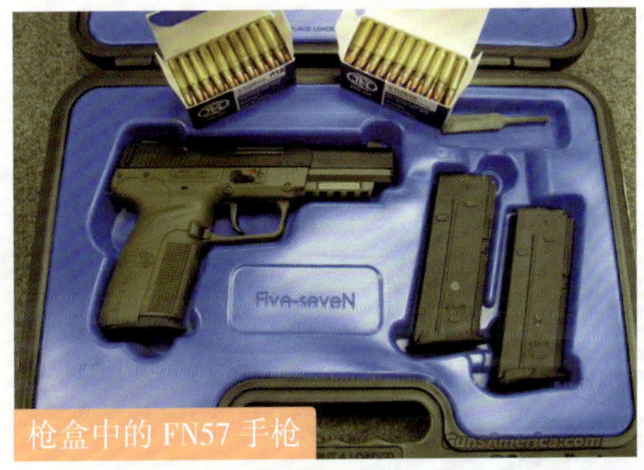

枪盒中的 FN57 手枪

• 作战性能

由于 SS190 弹弹壳直径小，重量轻，因此 20 发实弹匣的重量也只相当于 9 毫米手枪 10 发弹匣的重量。由于枪管较短，FN57 手枪发射 SS190 弹的初速比 FN P90 冲锋枪发射时要低，但仍高达 716 米 / 秒，有极好的穿透力，在有效射程内能击穿标准的防弹衣。

★ FN57 手枪及弹匣

No. 36 比利时 FN M1900 半自动手枪

基本参数	
枪长	165 毫米
枪重	625 克
弹容量	8 发
服役时间	1990 ~ 1911 年
口径	7.65 毫米
有效射程	30 米
枪口初速度	290 米 / 秒
生产数量	70 万把

M1900 手枪是 FN 公司设计生产的一款半自动手枪，是历史上第一款有套筒设计的手枪。

●研发历史

1897 年，勃朗宁设计出了一种 7.65×17 毫米口径的枪弹，该手枪弹到欧洲后获得了比利时 FN 公司的青睐。1899 年，FN 公司与勃朗宁合作研发出了发射 7.65×17 毫米口径枪弹的 M1899 手枪，该手枪于 1900 年被比利时政府正式采用，定名为 M1900。

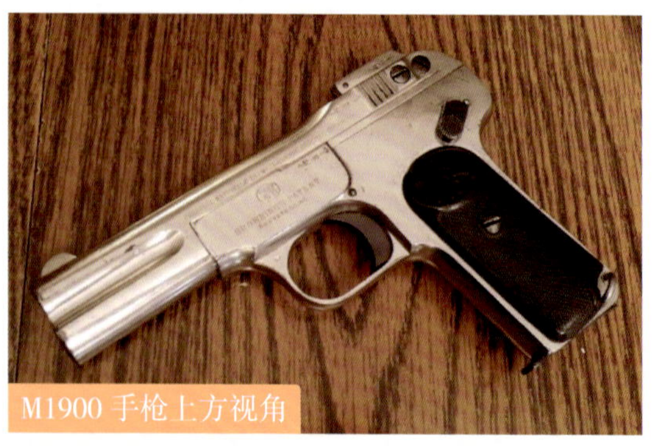

M1900 手枪上方视角

•武器构造

M1900 手枪由枪管、套筒、握把和弹匣组成，在结构布局上采用了复进簧上置而枪管下置。这种布局的最大优点是，使枪管轴线降低到与射手的持枪手虎口同高，射击时，后坐力几乎均匀地作用在持枪手虎口上。该手枪的枪机质量相对较大，与套筒的共同作用基本消除了射击时枪口上跳，使基础精准度进一步加大。

M1900 手枪的手动保险也设在套筒座左侧靠后的地方，当右手握枪时，拇指可以非常方便而平滑地拨动保险。当保险处于下方位置时，其上方露出“FEU”字样，表示解除保险，此时可以拉动套筒，推弹上膛并扣动扳机发射；当保险被拨向上方位置时，其下方露出“SUF”字样，表示手枪处于保险状态，此时不能拉动套筒也扣不动扳机。

M1900 手枪及弹匣

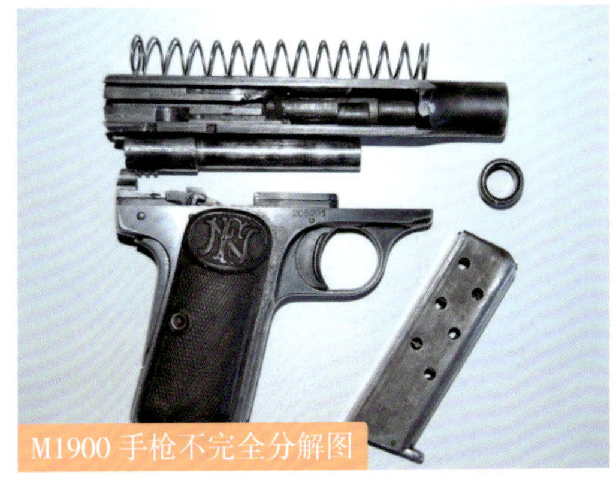
M1900 手枪不完全分解图

•作战性能

从外形上看，M1900 手枪的最大特点是外形扁薄平整、坚实紧凑、简洁明快、大小适中。在结构性能方面，M1900 结构简单、动作可靠，特别是在战斗使用方便性与安全可靠性方面的考虑甚为周到。

★ FN M1900 手枪及枪套

★ M1900 手枪前侧方特写

No. 38 比利时 FN M1906 袖珍手枪

基本参数	
枪长	114 毫米
枪重	350 克
弹容量	6 发
研发时间	1906 ～ 1959 年
口径	6.35 毫米
有效射程	30 米
枪口初速度	500 米 / 秒
生产数量	42 万把

M1906 袖珍手枪是由勃朗宁于 1904 年研发的，是世界上第一支袖珍型自动手枪。

●研发历史

1904 年，美国著名枪械大师勃朗宁以 M1903 为基础，开发出了一支袖珍型半自动手枪——M1906，1906 年 7 月比利时 FN 公司把这款新型的“口袋型”手枪正式投产，推向市场。其成功设计使之成为后来大多数袖珍自动手枪的“典范”和“模板”。

M1906 手枪 3D 图

•武器构造

M1906 手枪的结构简单，只有 33 个零件，可迅速分解为套筒、枪管、复进簧及其导杆、击针和击针簧组件、套筒座、弹匣、连接销 7 个部分。M1906 延续并改进了在 M1903 上应用的一种新型结构，即在枪管下方设计了 3 个肋状闭锁突笋，从而有效地与套筒座相扣合，使得分解非常容易。

★ M1906 手枪未完全分解图

•作战性能

该手枪全枪外形比较平滑，没有凸出的棱角，固定式缺口和准星全部隐藏在套筒顶端长槽内，扳机也采用平板状，不会因钩住衣袋衬里而影响出枪速度。该手枪在设计上还非常重视安全性，设有三重保险，在膛内有弹的情况下携行也十分安全：一是弹匣保险，未装弹匣时可锁住扳机，不能击发；二是在套筒座左侧后部有手动保险，将其拨入套筒后方缺口内即为保险状态；另外还设有握把保险，只有在正确握持并挤压到位后，扣动扳机才能释放击针。

★ M1906 手枪及枪套、弹匣

No. 39 比利时 FN M1910 半自动手枪

基本参数	
枪长	152 毫米
枪重	580 克
弹容量	7 发
服役时间	1910 ～ 1983 年
口径	9 毫米
有效射程	50 米
枪口初速度	295 米 / 秒
生产数量	61000 把

FN M1910 手枪是 1910 年由比利时枪械大师约翰 · 勃朗宁设计，由比利时 FN 公司生产的一款反吹式半自动手枪。

•研发历史

1908 年，勃朗宁在 7.65×17 毫米手枪弹的基础上，推出了一种新型的 9×17 毫米手枪弹，称为 9 毫米勃朗宁手枪短弹。与 9×19 毫米巴拉贝鲁姆弹相比，该弹有重量轻、后坐力小、威力适中和杀伤力大等优点，从而赢得了广泛的市场。同时，勃朗宁发现市场上缺乏一种

FN M1910 手枪及弹匣

威力介于军用和民用手枪之间，体积和重量适中的半自动手枪作为警察和军官自卫用枪。在这样的背景下，勃朗宁于 1910 年研制出了发射 9 毫米勃朗宁手枪短弹的手枪——FN M1910 手枪。

•武器构造

FN M1910 手枪充分地继承了“勃氏血统”的精华，在瞄准装置的设计上，直接在套筒顶部开了一道前后贯通的纵向凹槽，这一凹槽实际上是把照门的缺口拉长为照准槽，起到了引导射手构成瞄准线的作用，对提高手枪快速瞄准的指向性极为有利。此外，由于没有凸出的准星和照门，避免了从枪套中拔枪时可能发生的钩刮，将枪直接从衣、裤兜中快速拔出极为便利。

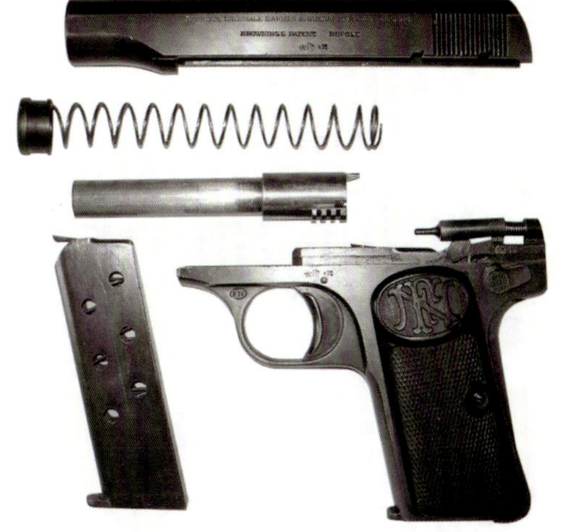

★ FN M1910 手枪未完全拆解图

★ FN M1910 手枪及枪套

•作战性能

FN M1910 手枪的后坐力很小，击锤不凸出，便于隐藏在衣袋内。复进簧中置布局的新颖设计，为这一小型自卫手枪奠定了“苗条”的骨架，其套筒口部的横截面也从传统的 8 字形变为 O 字形，并且还在枪口套的前缘上加工了一圈滚花，这样一来，不仅在旋转枪口套时手不至于打滑，而且还增添了枪的美观性。

FN M1910 手枪及子弹

No. 40 比利时 FN M1935 大威力手枪

基本参数	
枪长	197 毫米
枪重	900 克
弹容量	10 发
服役时间	1935 年至今
口径	9 毫米
有效射程	50 米
枪口初速度	335 米 / 秒
生产数量	100 万把

M1935 大威力手枪是由美国枪械发明家约翰 · 勃朗宁设计，经过 FN 公司的改进并生产的单动操作式的半自动手枪，能够发射当时欧洲威力最强大的 9×19 毫米手枪子弹。

●研发历史

20 世纪初，法国陆军要求 FN 公司设计一款手枪。为了确保 FN 公司在兵器行业上的地位，约翰 · 勃朗宁打算设计一种能够发 9×19 毫米枪弹的大威力自动手枪。随后他在美国的一个工作室里开始了新枪的设计，短短几十天的时间，便设计出了两种型号的手枪，其中后设计出来的那一种就是 M1935 的原型。该手枪首

黑色涂装的 M1935 手枪

次采用了弹容量高达 15 发的双排弹匣，FN 公司对这支枪表现出了浓厚的兴趣。几经修改后，于 1929 年定型，并命名为 M1935。次年，比利时军队成为其第一个正式用户。

★ M1935 手枪前侧方特写

•武器构造

M1935 大威力手枪使用的是单动操作式设计，并且装上了手动保险机构。与现代的双动操作半自动手枪不同的是，大威力手枪的扳机与击锤并没有联动关系，因此不能实现扣扳机待击。

M1935 手枪前侧方特写

带有雕花的 M1935 手枪

•作战性能

M1935 手枪是世界上第一种采用大容量可拆卸式双排弹匣的军用型手枪。其新设计的可拆卸式双排弹匣结构上为子弹双排左右交错排列，能够装填 10 发 9×19 毫米手枪子弹，弹容量增加为柯尔特 M1911 手枪的近 1 倍，作为　种军用型手枪而言是非常理想的。

M1935 手枪及弹匣

M1935 手枪

No. 41 比利时 FN BDA 半自动手枪

基本参数	
枪长	200 毫米
枪重	920 克
弹容量	14 发
服役时间	1983 ~ 1999 年
口径	9 毫米
有效射程	50 米
枪口初速度	350 米 / 秒
枪机种类	短行程后坐

BDA 手枪是 FN 公司以 M1935 手枪为原型设计的一款新型半自动手枪，曾被多个国家的军警所装备，也受到许多枪械收藏家的喜爱。

•研发历史

FN 公司的 M1935 手枪可以说是 20 世纪初中期世界上最好的手枪之一，与当时闻名于世的美国 M1911 手枪齐名，各方面性能不相上下。当然该手枪也是 FN 公司销售量最高的手枪，为该公司赢得了大量的客户和资金。20 世纪 80 年代，美国开展了一项“9 毫米手枪”的竞争

BDA 手枪及弹匣

赛，目的是选取一款性能优越的手枪以取代 M1911。得知此消息后，FN 公司为了赢得此次竞争，同时也为了进一步推销 M1935 手枪，巩固其在手枪界的地位，以该手枪为基础，推出了它的改进版——BDA 手枪。但该手枪在选型中败给了伯莱塔公司的 92F 手枪。

●武器构造

相比 FN 公司的 M1935 手枪而言，BDA 手枪的主要改进之处包括：增加击针自动保险机构；击发机构由单动改为单动 / 双动；弹容量由 10 发增至 14 发；弹匣卡笋由一侧操作改为可双侧操作，便于左撇子射手使用；套筒座后端的手动保险改为击锤待击解脱杆；另外，套筒前端的外形及扳机护圈形状也进行了适当改进。

BDA 手枪未完全分解图

●作战性能

BDA 手枪发射 9×19 毫米手枪子弹，但 9×21 毫米 IMI 口径版本也可向各个禁止于民用市场及用途上提供军用型口径（例如前述的 9×19 毫米）的国家及地区提供。

★ BDA 手枪

No. 42 比利时 FN FNP 半自动手枪

基本参数	
枪长	187.96 毫米
枪重	700 克
弹容量	10/16 发
服役时间	2006 年至今
口径	9 毫米
有效射程	50 米
枪口初速度	320 米 / 秒
枪机种类	短行程后坐

★ 黑色涂装的 FNP 手枪

FNP 手枪是 FN 公司设计生产的一系列半自动手枪，主要有 FNP-9、FNP-40 和 FNP-45 型号。20 世纪，FN 公司的 M1935 手枪及其改进型 BDA 手枪，是该公司引以为傲的代表性手枪之一，凭借 FN 公司本身的名声和设计者勃朗宁的身份，其独领风骚数十载。但是进入 21 世纪后，各种新型设计、使用新型材料、拥有更大弹容量的手枪涌现出来，相比这些手枪而言，FN 公司以 M1935 为首的老型号手枪显得黯淡无光。此时 FN 公司意识到，凭借这些老型号手枪已经无法立足于新型手枪市场，于是开始积极致力于推出新型现代手枪，随后推出了 FNP 系列手枪。

FNP 系列手枪使用击锤发射、利用勃朗宁凸轮系统与外部退壳钩协助射击的武器系统。在扳机护圈后部的弹匣释放按钮装在一个可被移除的固定销子上，令弹匣释放按钮可以反过来装上在底把右侧。底部的底把由高强度聚合物制造，而套筒则是由不锈钢制造的。加大的弹匣插槽使 FNP 系列手枪十分容易完成重新装填。

FNP 系列手枪的分解和重新组装比较简单。拆卸时，首先把套筒在枪的后方锁紧，接着把其弹匣释放下来。将底把前方的分解杆顺时针向下旋转，并且将套筒轻轻地向前推动，使套筒向前移出底把导轨以后将其释放。套筒从底把拆下来以后，要把枪管底部的复进簧取出才能将枪管移除。而重新组装武器的过程则是相反的，先要装上枪管再装上复进簧，接着将套筒装上底把导轨，并且将底把前方的分解杆逆时针向上旋转，直到套筒在枪的后方锁紧。

★ FNP-40 手枪及弹匣、子弹

★ FNP-9 手枪侧面特写

No. 43 瑞士 SIG Sauer P210 半自动手枪

基本参数	
枪长	215 毫米
枪重	900 克
弹容量	8 发
服役时间	1949 年至今
口径	9 毫米
有效射程	50 米
枪口初速度	335 米 / 秒

★ P210 手枪及子弹

P210 手枪是瑞士 SIG 公司设计生产的一款半自动手枪，1949 年推出后便成为瑞士陆军的制式手枪。

二战结束后，整个欧洲的治安问题日益恶化，作为永久中立国的瑞士，虽然没有受到国际战争的波及，但是为预防黑势力来破坏本国平民的生活，当务之急是武装好自己的军队和警察部队，因此瑞士头号军工企业 SIG 公司开始为本国军事单位和执法机关研发新型武器。在参考了当时优秀的武器设计之后，成功地推出了 P210 手枪。

P210 手枪的机匣装有可强制封锁扳机的手动保险及弹匣退出时自动扳机的自动保险系统。该手枪的生产有着严格的品质监控，因此其可靠性、射击精准度、耐用性都比一般手枪高。

P210 手枪虽然有着不少的优点，但早期版本没有握把式弹匣释放钮，不及其他手枪般操作方便，且由于手工装配及高质量部件令其价格比其他手枪高，因此当时没有太多国家采用。

P210 手枪前侧方特写

P210 手枪及弹匣

No. 44 瑞士 SIG Sauer P220 半自动手枪

基本参数	
枪长	198 毫米
枪重	750 克
弹容量	9 发
服役时间	1975 年至今
口径	9 毫米
有效射程	50 米
枪口初速度	345 米 / 秒
枪机种类	后坐闭锁

P220 是由瑞士西格（SIG）公司设计、德国绍尔（Sauer）公司生产的 SIG Sauer 系列手枪中最早的型号，其性能完善、安全可靠，且价格也较便宜。

•研发历史

20 世纪 60 ~ 70 年代，瑞士军队装备的 P210 手枪价格比较昂贵产量又较低，于是军方就要求 SIG 公司设计一款价格便宜、能量产的新型手枪。但是由于 SIG 公司的规模非常小，不能够独自完成这个项目，于是便与德国 Sauer 公司合作共同设计和生产这种新手枪。因为是 SIG 和 Sauer 这两家公司共同完成的，所以最后这款新手枪被命名为 SIG Sauer P220。

枪盒中的 P220 手枪

•武器构造

P220 手枪有许多创新的特点，其中之一就是简化了勃朗宁发明的延迟后坐闭锁方式，只用套筒的抛壳口直接与弹膛外部的闭锁块配合来进行闭锁，而不需要专门在枪管上增加闭锁凸耳，在套筒内铣出闭锁沟槽来配合。

P220 的底把材料为铝合金，表面进行哑黑色阳极化抛光处理，铝底把在当时来说是较为少见的设计，可减轻手枪的重量。套筒是由一块 2 毫米厚的钢板冲压成一个上盖的形状，再通过电焊把整个枪口部接上，经回火后钻孔，再用机器做深加工。击锤、扳机和弹匣扣均为铸件，而分解旋柄、待击解脱柄和空仓挂机柄均为冲压钢件，枪管用优质钢材冷锻生产。握把侧片的材质是塑料，复进簧则是缠绕钢丝制成。枪机体用一根钢销固定在套筒尾部。

P220 手枪分解照

P220 手枪及弹匣

•作战性能

P220 手枪可以发射不同口径的子弹，前提是必须根据子弹型号相应地更换套筒和枪管。后来 SIG Sauer 以 P220 手枪为基础开发出 P225、P226、P229 等一系列不同类型的手枪，凭着其射击性能优良、操作安全可靠的优点，使整个 SIG Sauer P220 系列手枪在军用、警用和民用市场都很受欢迎。

P220 手枪的手持状态

P220 手枪及子弹

No. 46 瑞士 SIG Sauer P229 半自动手枪

基本参数	
枪长	180 毫米
枪重	905 克
弹容量	12 发
服役时间	1992 年至今
口径	9 毫米
有效射程	50 米
枪口初速度	309 米 / 秒
枪机种类	后坐作用、闭膛待击

SIG Sauer P229 是瑞士西格（SIG）公司设计、德国绍尔（Sauer）公司生产的紧凑型军用型半自动手枪，是 SIG Sauer P226 手枪的紧凑型版本，发射 9×19 毫米子弹。

●研发历史

1990 年，SIG 公司为了能加入大口径弹药市场，改进了 P228 手枪，推出了一款新型手枪 P229。但是该枪使用 10.16 毫米口径弹药后，筒套会发生破裂甚至爆炸，出现伤人事故。SIG 公司的工程师研究发现，这并不是筒套的材料问题，而是制作工艺导致的。P229 的筒套采

★ P229 手枪及配件

用冲压加工，此种工艺成型的材料无法承受膛内压力，因而发生破裂。要解决这个问题，就只有使用机削加工来制造套筒。因为美国拥有较好的机削加工技术，且大口径手枪在美国拥有大量市场，所以 P229 筒套由美国生产。在后来的 P229 筒套上可以看到“made in USA”，而枪架上刻着“made in Germany”字样。

★ P229 手枪前侧方特写

武器构造

P229 手枪有两个非常突出的优点。第一，结构紧凑，解脱杆安装在套筒座上，精巧的布局使其操作简单。第二，精度好，它在与美国史密斯 · 韦森公司制造的 M4006 手枪的对比射击中，命中率要优于 M4006。

P229 手枪在保险装置设计上与左轮手枪有些相似，其扳机有前后两个位置，在安全状态下时，使用者可通过放重锤按钮使滑膛后的重锤放下，同时带动扳机前移。另外，枪身内部的保险杆深入撞针槽，挡住撞针前后移动，使其不能与上膛子弹底火发生接触，即使枪掉在地上也不容易发生走火。

★ 加装战术组件的 P229 手枪

P229 手枪侧面特写

P229 手枪及弹匣、子弹

作战性能

P229 手枪的性能稳定，其被当作 SIG 经典枪型 P226 的便携版。因其不锈钢筒套比枪身重，射击时吸收一部分后坐力，所以连发时射击精准度较高。P226 有著名的可靠性，美国安全部门选枪时曾对各种手枪做过 10 万发正规测试，唯有 P226 无一发卡壳。P229 也通过类似测试，现装备于美国海岸巡逻、英国武装部队等。

No. 47 瑞士 SIG Sauer SP2022 半自动手枪

基本参数	
枪长	187 毫米
枪重	715 克
弹容量	15 发
服役时间	1991 年至今
口径	9 毫米
有效射程	50 米
枪口初速度	390 米 / 秒
枪机种类	短行程后坐

SP2022 手枪是 SP 系列手枪的最新型。该手枪不仅价格低，还有结构紧凑、使用安全、操作简便等优点，因而深受军警部门青睐。

●研发历史

SP2022 手枪是 1991 年以 SP2340、SP2009 手枪为基础改进而来的。弹容量多达 15 发且配用 9 毫米口径弹药，正是 SP2022 的魅力所在。手枪只要选择重弹头枪弹，在护身方面就会有一些困难，而该手枪在这个方面做得非常完美，成为最令人信服的手枪。SP 系列手枪的标准型是小型手枪，因此 SP2022 的携带性能非常出色。

SP2022 手枪及弹匣

1985 年以后，配用聚合物套筒座的奥地利格洛克手枪几乎占领许多国家的军警手枪市场，从而促使许多公司研发聚合物套筒座手枪。1999 年，SIG 公司轻武器分部推出了聚合物套筒座手枪 SP2340、SP2009。2002 年，为了参加法国政府执法机构（警察与国家宪兵队）手枪选型试验，SIG 公司推出了 SP2022 手枪，同 SIG 公司一起竞争的还有伯莱塔、HK、FN、格洛克、鲁格、瓦尔特、史密斯·韦森等多个公司。经过众多公司的“明争暗斗”之后，最终选定的试验手枪为 SIG 公司的 SP2022 手枪和 HK 公司的 HK P2000 手枪。SP2022 手枪的性能和价格比 HK 公司的手枪略胜一筹，因而赢得了此次的竞争。

★ SP2022 手枪

★ SP2022 手枪前侧方特写

•武器构造

SP2022 手枪继承了 P220 手枪的工作原理及基本结构，并在设计上有所创新和改进。该手枪配用 15 发弹容量的直弹匣，射手可以根据弹匣侧面 13 个数字观察剩余弹数，其排列与格洛克手枪弹匣类似。弹匣底座有长底座与短底座两种，后者与 P229 手枪的弹匣相似，适宜隐蔽携枪时配用。

SP2022 手枪及弹匣

SP2022 手枪及枪套

•作战性能

SP2022 手枪曾在美国拉斯维加斯郊外的一个靶场进行射击试验，使用该靶场的铁板靶。发射时套筒动作轻快而平稳，容易控制。由于握把设计良好，即使一口气打完弹匣内的 15 发子弹，射手依然感觉很舒适。

黑色涂装的 SP2022 手枪

No. 48 以色列 IMI“沙漠之鹰”半自动手枪

基本参数	
枪长	267 毫米
枪重	1360 克
弹容量	9 发
服役时间	1982 年至今
口径	12.7 毫米
有效射程	200 米
枪口初速度	402 米 / 秒
枪击种类	气动式

“沙漠之鹰”是以色列军事工业（IMI）生产的一种大口径手枪。该手枪的体积和质量很大，威力极强，拥有极高的知名度，是世界著名的大口径、大威力手枪之一。

•研发历史

美国马格南研究所刚成立时，就计划设计一种能够发射 9 毫米口径马格南子弹的手枪，并将该计划命名为“马格南之鹰”，这种手枪的主要用途是打猎和射靶。经过一段时间的研发之后，该公司成功推出“沙漠之鹰”的原型枪，并于 1983 年获得了该枪的设计专利。

“沙漠之鹰”手枪侧面特写

后来，马格南研究所与 IMI 合作对该手枪进行改进，经过改进之后于 1985 年取得了

“沙漠之鹰”的设计专利。但是该手枪因受美国枪支管理措施的限制，故由 IMI 公司制造零件，由马格南研究所进行组装和加工。

★ 金色涂装的“沙漠之鹰”手枪

•武器构造

“沙漠之鹰”手枪采用常在步枪上使用的气动机构，这是因为它发射的是大威力子弹，而一般的气动机构在面对这种子弹时强度有所不足。该手枪的握把很大，通常采用硬塑胶整体制造，用弹簧销固定。为了降低后坐力，它采用了两根平行的复进簧。它在射击时会产生很大的噪音，而且后坐力极大，故障率也较高。过高的杀伤力也是军方和警方对该手枪的兴趣大大降低的原因之一，因为这样无论是对射手还是射手旁边的人都存在很高的安全隐患。

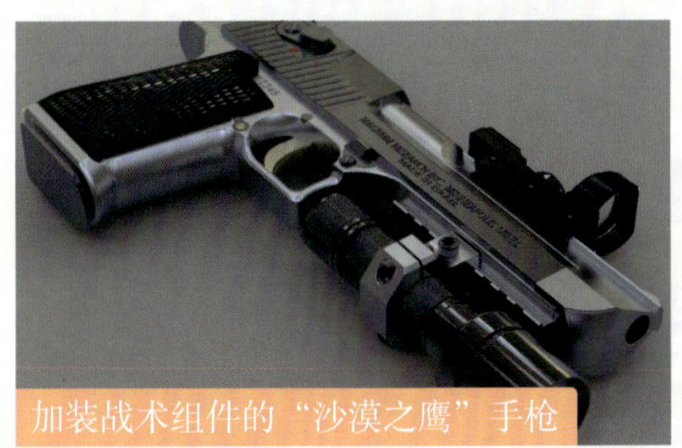

加装战术组件的“沙漠之鹰”手枪

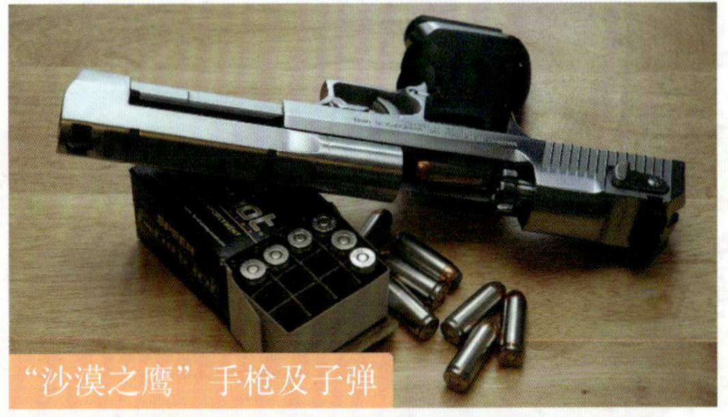

“沙漠之鹰”手枪及子弹

•作战性能

“沙漠之鹰”手枪是一把大且重的手枪，而且巨大的握把使其难以单手握持，在射击时所产生的高噪音导致军、警方拒绝采用，但该手枪其贯穿力强，甚至能穿透轻质隔墙，因此“沙漠之鹰”手枪目前仅少量用于竞技、狩猎和自卫。

“沙漠之鹰”手枪及组件

“沙漠之鹰”手枪与弹匣

No. 49 以色列杰里科 941 半自动手枪

基本参数	
枪长	204 毫米
枪重	906 克
弹容量	15 发
服役时间	1990 年至今
口径	9 毫米
有效射程	50 米
枪口初速度	367 米 / 秒
枪机种类	后坐作用

杰里科 941 手枪是 IMI 推出的一种新型手枪。早期杰里科手枪缺乏强大的营销手段支持，所以没有成功向公众推广。后来为了能够进入美国市场，IMI 推出了杰里科 941 手枪。

1990 年，杰里科 941 手枪在美国的第一个进口商是 KBI 公司，当时命名为“乌兹鹰”。后来为了借用马格南研究公司设计、IMI 生产的“沙漠之鹰”手枪的名声来推销杰里科 941 手枪，于是又将“乌兹鹰”改成了“沙漠雏鹰”。和“沙漠之鹰”不同的是，杰里科 941 手枪是一种真正的战斗、自卫手枪，携带方便，容易操作，虽然枪口形状与“沙漠之鹰”有相似之处，但二者的结构原理完全不同。

杰里科 941 手枪采用枪管短后坐式工作原理，枪管偏移式开闭锁机构，内部结构类似勃朗宁手枪系统。它可以双动射击，套筒在套筒座导轨上运动，有利于保证射击精度。手动保险柄左右手都可单手操作。该手枪还可通过迅速变换枪管、弹匣等部件发射其他口径枪弹。此外，它采用可调整风偏的片状准星和缺口照门，准星和照门上都有发光点，以利于夜间射击。

★ 杰里科 941 半自动手枪及使用的子弹

★ 枪盒中的杰里科 941 半自动手枪

★ 杰里科 941 半自动手枪上方视角

No. 50 乌克兰 Fort12 半自动手枪

基本参数	
枪长	180 毫米
枪重	950 克
弹容量	12/24 发
服役时间	1998 年至今
口径	9 毫米
有效射程	25 米
枪口初速度	320 米 / 秒
枪机种类	双动式、半自动

Fort12 是由乌克兰枪械制造商 RPC Fort 在 20 世纪 90 年代末期研制及生产的一款半自动手枪。

●研发历史

20 世纪 90 年代初期，乌克兰打算设计一款本土手枪，以此取代苏联时代老旧的马卡洛夫 PM 手枪。为了实现这个目标，乌克兰兵工厂 RPC Fort 从捷克一家兵工厂买进了一套可以制作手枪的设备，并在 20 世纪 90 年代末期研制出了一款属于他们自己的手枪，命名为 Fort12。

Fort12 手枪及配件

●武器构造

Fort12 是一款采用反动式操作的双动式手枪，其枪身及滑套以钢铁制成。手动保险设计在滑套左方，它可有效地锁上击锤，不论是在击锤处于锁定或较低的位置。

★ Fort12 手枪分解照

●作战性能

早期的 Fort12 手枪被认为不太可靠，但现在生产的型号完全解决了这些问题，而且它比马卡洛夫 PM 手枪有更大的弹容量和更优秀的精度。该手枪唯一的缺陷就是缺乏一个安全的退弹系统。

Fort12 手枪也向民间市场发售，不过民用型只能发射如橡胶弹或催泪弹等非致命弹药。

★ 枪械爱好者正在使用 Fort12 手枪

No. 51 意大利伯莱塔 92 半自动手枪

基本参数	
枪长	217 毫米
枪重	950 克
弹容量	15 发
服役时间	1975 年至今
口径	9 毫米
有效射程	50 米
枪口初速度	390 米 / 秒
生产数量	10 万把

伯莱塔 92 手枪是伯莱塔公司的代表作品，因此依其名称，大众常直接称其为伯莱塔手枪或 M92 手枪。

●研发历史

伯莱塔 92 手枪是以伯莱塔 M1951 手枪为基础研制的，采用了伯莱塔公司手枪的开顶式套筒设计，不过伯莱塔 92 手枪最重要的特点是套筒座采用航空铝材制成，这是伯莱塔公司历时 30 年之久的成果。现在看来，枪械采用质量轻而且坚固耐用的轻型材料不算什么新鲜事，但在当时却是非常大胆的尝试。

伯莱塔 92 手枪上方视角

•武器构造

伯莱塔 92 手枪采用枪管短后坐式工作原理，通过上下摆动的闭锁卡铁进行开锁和闭锁。套筒座由航空铝材制成，套筒用钢制作，而握把护板则采用木材制作。伯莱塔 92 手枪的手动保险位于套筒座的尾端，弹匣扣在握把的后下方。另外，伯莱塔 92 手枪的抽壳钩还兼有膛内有弹指示功能，当弹膛内有弹时，抽壳钩会在侧面突出并显示出红色的视觉标记，即使在晚上也能通过触摸感觉到。

★ 伯莱塔 92 手枪未完全分解图

伯莱塔 92 手枪侧面特写

•作战性能

伯莱塔 92 手枪承袭了 92SB 手枪的耐用性：在正确的上油、清枪和保养前提下便能让它在多数的环境下维持精准且正常的运作。因其枪管特殊的镀层，92 手枪也拥有比其他枪械更为优异的抗腐蚀力。

★ 伯莱塔 92 手枪及弹匣

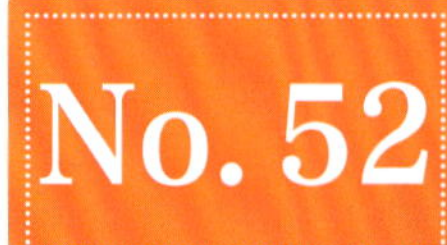

No. 52 意大利伯莱塔 92S 半自动手枪

基本参数	
枪长	197 毫米
枪重	950 克
弹容量	13 发
服役时间	1976 年至今
口径	9 毫米
有效射程	50 米
枪口初速度	390 米 / 秒
枪机种类	后坐作用、后膛装填

金色涂装的伯莱塔 92S 手枪

1976 年，意大利警方表示可以采用伯莱塔 92 手枪，但有一个要求，就是改进其保险机构，以提高训练和实战时的安全性。根据这一要求，伯莱塔公司给 92 手枪增加了一种新装置——“跌落保险”，它的作用是如果手枪意外跌落而震松击锤也不会使手枪击发。1977 年，增加了这种保险装置的伯莱塔 92 手枪被重新命名为伯莱塔 92S。伯莱塔 92S 手枪首先被意大利国家警察采用，然后被意大利宪兵采用，接着就取代了伯莱塔 34 手枪和伯莱塔 M1951 手枪，成为意大利军队新的制式手枪。

1980 年，美国空军开始对参加对比测试的各型 9 毫米口径半自动手枪进行评估。与此同时，伯莱塔公司根据一些警察和军队的经验反馈对伯莱塔 92S 手枪进行改进，推出一种增加了击针保险装置的新型号，命名为伯莱塔 92SB。这种新的击针保险装置能始终卡住击针避免意外击发，只有在扣动扳机时击针保险才会释放击针。

★ 伯莱塔 92S 手枪

★ 伯莱塔 92S 手枪侧面特写

★ 伯莱塔 92S 手枪及弹匣

No. 53 意大利伯莱塔 90TWO 手枪

基本参数	
枪长	216 毫米
枪重	921 克
弹容量	12/17 发
服役时间	2006 年至今
口径	9 毫米
有效射程	50 米
枪口初速度	381 米 / 秒
枪机种类	后坐作用、后膛装填

伯莱塔 90TWO 是由意大利伯莱塔公司为个人防卫和执法机关使用而设计和生产的一系列半自动手枪，它在 2006 年的 SHOT Show（美国著名枪展）中，以伯莱塔 92 手枪的增强版本之名推出，发射 9×19 毫米子弹。

●研发历史

92F/S 手枪在世界各国军队和执法机构的辉煌业绩为伯莱塔公司树立了“光辉”的形象，使伯莱塔公司的知名度有了前所未有的提高。但是，这也为该公司后来的产品开发带来各种局限，在创新设计上难以突破。为了在时代变迁过程中继续维持 92F/S 手枪的地位，伯莱塔

伯莱塔 90TWO 手枪侧面特写

公司一方面陆续推出 92 系列手枪，另一方面也在尝试突破 92 系列手枪的设计，开发新产品。90TWO 手枪就是伯莱塔公司在继承 92F/S 手枪“血统”的前提下，进行全新设计的产品。

★ 黑色涂装的伯莱塔 90TWO 手枪

伯莱塔 90TWO 手枪不完全分解图

武器构造

伯莱塔公司对 90TWO 手枪外形线条进行了前卫的设计，考虑到收枪和掏枪时的动作，特意采用带有弧度的轮廓，并重新采用了 92SB 手枪的弧线形扳机护圈。90TWO 手枪外观设计的另一个看点在于增加了一个导轨护套，目的是在遭意外撞击时保护导轨。

相对于 92F/S 手枪来说，90TWO 手枪最明显的变化是增设了手枪套筒座内的缓冲垫，该缓冲垫的增设有利于缓和后坐力，进一步提高命中精度。套筒座握把部位前端比 92F/S 更薄，新设计的骷髅状击锤也引人注目。

作战性能

伯莱塔 90TWO 手枪既保留伯莱塔手枪传统的结构特征，又在外观与内部结构方面进行了开拓创新。伯莱塔公司推出 90TWO 系列手枪，期望可以接替已有 20 多年历史的 92F/S 手枪，作为其下一代军警两用手枪。

★ 枪盒中的伯莱塔 90TWO 手枪

No. 54 意大利伯莱塔 Px4 Storm 手枪

基本参数	
枪长	193.04 毫米
枪重	785.28 克
弹容量	10/20 发
服役时间	2004 年至今
口径	9 毫米
有效射程	100 米
枪口初速度	360 米 / 秒
生产数量	2 万把

Px4 Storm 手枪是伯莱塔公司设计生产的一款半自动手枪，主要发射 9×19 毫米子弹。

●研发历史

21 世纪，伯莱塔公司先后凭借 92 系列手枪和 90TWO 手枪在欧洲和南美洲占据大量的市场，尤其是在美国，该公司的客户非常多，从特种部队至民间射手都对伯莱塔公司的产品有好感。但是该公司一直不设计新型产品，致使一些老用户开始抱怨，甚至选择其他公司的产品。得知这一现象之后，伯莱塔公司为了稳住美国市场，推出了 Px4 Storm 手枪。

黑色涂装的 Px4 Storm 手枪

•武器构造

为了提高 Px4 Storm 手枪的通用性，该手枪的一些零部件采用模块化设计，这些部件包括后方握把片、弹匣释放按钮、套筒阻铁和击锤部件机构。后方握把片有三种尺寸，分别是超薄型、标准型和超大型。弹匣释放按钮可以安装在手枪左右任何一边。标准型的套筒阻铁可以换成苗条型版本，以避免当武器从皮套快速抽出时被任何东西勾着。

Px4 Storm 手枪分解图

•作战性能

Px4 Storm 手枪的特点是安装在套筒顶部的燕尾槽里、可以更换和发光的三点式准星瞄准系统，在用于夜间瞄准的白点上还涂上了超级夜光涂料，以便在黑暗或光线不足的情况下快速捕捉目标。只要暴露于任何类型的光线一段时间，用于夜间瞄准的白点就有着长达 30 分钟的黑暗中发光时间。该手枪还在套筒下、底把的扳机护圈前方整合了一条 MIL-STD-1913 式战术灯安装导轨，以安装各种战术灯、激光瞄准器和其他战术配件。

★ Px4 Storm 手枪及弹匣

No. 55 奥地利格洛克 17 半自动手枪

基本参数	
枪长	202 毫米
枪重	625 克
弹容量	10/17/19/31/33 发
服役时间	1982 年至今
口径	9 毫米
有效射程	50 米
枪口初速度	375 米 / 秒
生产数量	500 万把

格洛克 17 是奥地利格洛克公司研制的第一种手枪，于 1983 年成为奥地利军队的制式手枪，并被世界上数十个国家的军队和执法机构所采用。

●研发历史

格洛克 17 手枪于 1980 年设计，是为了回应奥地利陆军取代瓦尔特 P38 手枪的需求而制造的。1983 年成为奥地利陆军的制式手枪，被命名为 P80。

★ 枪盒中的格洛克 17 手枪

•武器构造

格洛克 17 手枪采用枪管短行程后坐式原理，使用 9×19 毫米格鲁弹，弹匣有多种型号，弹容量从 10 发到 33 发不等。该手枪大量采用了复合材料制造，空枪仅重 625 克，人机功效非常出色。格洛克 17 手枪经历过 4 次不同程度的修改，第四代格洛克 17 手枪的套筒上有 Gen4 字样。2010 年新推出的格洛克 17 手枪采用的各种措施大大增强了人机功效，并采用双复进簧设计，以降低后坐力和提高枪支寿命。该手枪的安全性极高，有三个可靠的安全装置。

★ 格洛克 17 手枪及组件

★ 格洛克 17 手枪

格洛克 17 手枪的侧面特写

•作战性能

格洛克 17 手枪不但小巧轻便，而且机构动作可靠，容弹量也大。此外，该枪勤务性能也很好，全枪包括弹匣只有 32 个零部件，用一个销子可在 1 分钟内将枪分解。由于套筒座用合成材料制成，它的外形光滑，手感也好。

士兵使用格洛克 17 手枪进行训练

格洛克 17 手枪与其他武器

No. 56 奥地利格洛克 20 半自动手枪

基本参数	
枪长	193 毫米
枪重	785 克
弹容量	15 发
服役时间	1991 年至今
口径	10 毫米
有效射程	50 米
枪口初速度	380 米 / 秒
枪机种类	安全机动

格洛克 20 手枪及子弹

格洛克 20 是由奥地利格洛克公司设计及生产的手枪，是格洛克 17 手枪的 10 毫米口径版本，标准弹匣容量为 15 发。格洛克 20 手枪是针对美国安全部队而设计的，由于威力比格洛克 17 手枪更强大，因此手枪的尺寸亦略大于格洛克 17，虽然在许多小部件上二者可以交换使用（接近 50% 的零部件通用性），但由于主要部件扩大令其不能交换使用。格洛克 20 手枪经历了 4 次修正版本，新推出的格洛克 20 为了提高人机工效，握把由粗糙表面改为凹陷表面，并且可以调整握把尺寸，以便适合不同的手形。套筒内部的复进簧改为双复进簧式设计，降低了后坐力，提高了全枪的寿命。为了适应双复进簧式设计，套筒下的聚合物枪身前端部分较前一代格洛克 20 手枪略为加宽。左右手皆可以直接按下加大化的弹匣卡笋以更换弹匣，也可以与旧式弹匣共用，但只可以右手按下弹匣卡笋以更换弹匣。

枪盒中的格洛克 20 手枪

加装消音器的格洛克 20 手枪

No. 57 捷克斯洛伐克 CZ 52 半自动手枪

基本参数	
枪长	209 毫米
枪重	680 克
弹容量	8 发
服役时间	1952 ～ 1982 年
口径	7.62 毫米
有效射程	50 米
枪口初速度	500 米 / 秒
生产数量	20 万把以上

CZ 52 手枪是捷克斯洛伐克 CZ 公司研制的半自动手枪，发射 7.62×25 毫米 M48 枪弹。

●研发历史

捷克斯洛伐克是世界武器市场上的轻武器出口大国之一，而该国最有名的枪械企业莫过于历史悠久的 CZ 公司，其全名为“Ceska Zbrojovka”，通常翻译为塞斯卡 - 直波尔约夫卡兵工厂。ZB-26 轻机枪就是该公司最著名的作品，除此之外，该公司还有不少经典的枪械，其中就包括 CZ 52 手枪。

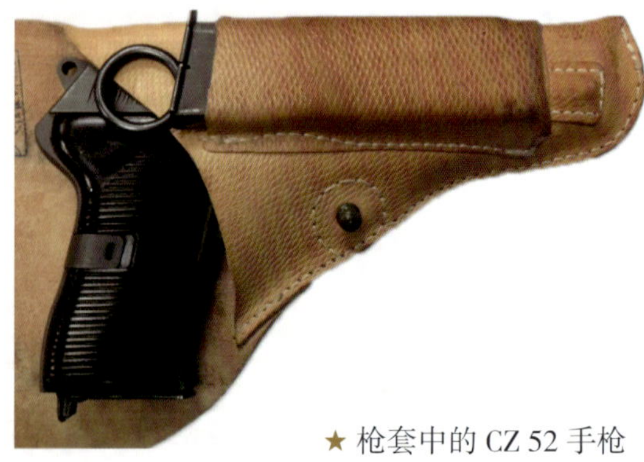

★ 枪套中的 CZ 52 手枪

CZ 52 手枪是根据捷克斯洛伐克军方提

出的新一代手枪要求而设计的。在设计时，CZ 52 原本打算采用 9 毫米鲁格弹的，但由于战争和其他方面的原因，改为 7.62×25 毫米 M48 枪弹。该手枪属于二战之后发展起来的第二代军用手枪，在结构上传承了前代手枪的成熟经验，设计上也不乏独创之处，因此具有坚固耐用、可靠性好、火力强等优点，是一件可圈可点的优秀军用武器。

•武器构造

CZ 52 手枪采用后坐反冲式设计，8 发单排可卸式弹匣，单动模式的半自动手枪。此枪在设计时受到德国 MG-42 通用机枪的滚轴闭锁系统影响，这种机构很少被用在手枪上，而 CZ 52 手枪却第一次把滚轴闭锁系统用在手枪上。

CZ 52 手枪及弹匣

黑色涂装的 CZ 52 手枪

•作战性能

自 1952 年起，CZ 52 就被捷克斯洛伐克军队作为制式手枪，1982 年该枪被 CZ 82 手枪取代。1987 年后，大部分已退役的 CZ 52 被作为剩余物资售出。CZ 52 采用威力过大的 7.62 毫米 M48 枪弹（这种弹药原本是供给冲锋枪用的），有着较大的后坐力，此外，该手枪的精准度和寿命都不如发射 9 毫米鲁格弹的手枪优秀，所以 CZ 52 的用户并不多。

CZ 52 手枪及子弹

No. 58 捷克斯洛伐克 / 捷克 CZ 75 半自动手枪

基本参数	
枪长	149 毫米
枪重	660 克
弹容量	8 发
服役时间	1976 年至今
口径	9 毫米
有效射程	25 米
枪口初速度	240 米 / 秒
生产数量	108 万把

CZ 75 是由捷克斯洛伐克乌尔斯基 · 布罗德兵工厂生产的半自动手枪。

●研发历史

在两次世界大战期间，捷克斯洛伐克的军事工业一直都占国家经济收入相当重要的部分，武器出口同时亦占了国家所出口货品的一大部分。二战结束后，约瑟夫 · 库斯基和弗朗泰斯 · 库斯基兄弟成为乌尔斯基 · 布罗德兵工厂最重要的工程师，他们参与了该公司在战后生产的武器设计。1969 年，弗朗泰斯才刚刚退休，但公司仍然希望他能设计出一种 9×19 毫米鲁格口径的手枪。跟弗朗泰斯先

CZ 75 手枪及弹匣

前的工作不一样，这次他可以完全自由地发挥，因此他在设计该手枪时加入了许多创新的设计。

尽管 CZ 75 手枪是为出口而设计的，但库斯基兄弟有关该设计的国内专利被列为“秘密专利”。因此在初时只有少数人知道该枪的存在，同时亦没有人能够在捷克斯洛伐克登记相同的设计。在此同时，库斯基兄弟和乌尔斯基 · 布罗德兵工厂都被禁止在国外申请专利保护。于是，大量枪械生产商便把握商机，仿制出一些基于 CZ 75 设计的手枪。

●武器构造

CZ 75 手枪是一款采用短行程后坐作用、闭锁式枪膛运作的半自动手枪，它采用了类似于勃朗宁大威力手枪的枪管摆动式闭锁机构，其原理是枪管和滑套最初会受到后坐力而后移，直到枪管膛室下方的一个凸耳装置解锁，使枪管与滑套分离。

黑色涂装的 CZ 75 手枪

该手枪的大部分型号都具备单 / 双动模式，并在底把左边设有一个手动保险，射手需在上膛后把它向上推，此时手枪的扳机被锁定而无法开火，因此能够被安全携行。由此可见，CZ 75 手枪在这方面也跟勃朗宁 M1935 手枪有些相似，这种携带方式在美国被称为“待击及上锁”，常见于单动式半自动手枪，却很少被具备单 / 双动功能的半自动手枪采用。部分较新的型号则配备一个具待击解脱功能的保险。与大多数半自动手枪不同的是，CZ 75 的滑套导轨是从外侧整个嵌入滑套外侧的导槽内，这样能够减少滑套的横向松动，有利于提升精度。

●作战性能

CZ 75 手枪本身没有什么特别出众的设计，但却是集多种手枪的优点于一身，手感舒适、性能可靠、精度良好，而且其制造一流，价格也不高，所以在西方国家备受推崇，还被许多厂家仿制成不同的型号。

CZ 75 手枪

CZ 75 手枪上方视角

No. 59 捷克斯洛伐克 CZ 83 半自动手枪

基本参数	
枪长	172 毫米
枪重	1360 克
弹容量	12/15 发
服役时间	1983 年至今
口径	7.65 毫米
有效射程	50 米
枪口初速度	300 米 / 秒
枪机种类	自由枪机式

CZ 83 是由捷克切斯卡·日布罗约夫卡兵工厂研制的一款半自动手枪。

●研发历史

捷克斯洛伐克是一个对枪械非常钟爱的国家，这里有两个枪械设计天才，他们就是前面提到的库斯基兄弟。20 世纪 70 年代，库斯基兄弟两人经过很长一段时间的钻研，推出一款包含世界名枪大部分优点的 CZ 75 手枪。此款手枪精巧的布局，合理的人机工效和能够实施转换套件的设

枪盒中的 CZ 83 手枪

计思想，令其一发而不可收，随后出现了众多 CZ 系列的手枪，其中包括了 CZ 85、CZ 100、CZ 85B、CZ 83、CZ 97B 等各种型号，而在这些手枪中，最具有代表性的便是 CZ 83 手枪。

• 武器构造

CZ 83 手枪的机械结构比较简单，与德国的瓦尔特 PP 手枪相似，它的枪管固定在枪身基座上，复进簧直接绕在枪管上再与滑套结合。该手枪无任何闭锁结构，仅以单纯的反冲原理完成退壳与上弹程序。

CZ 83 手枪未完全分解图

此外，CZ 83 手枪有几个非常突出的优点：第一，转换套件的设计思想，使该手枪能够发射多种型号的枪弹，简化了后勤保障及武器对枪弹口径的依赖性；第二，该手枪的握把设计以人体工程学为基础，发射机构采用的是双动原理，使用简便快捷；另外，它的扳机护圈较大，便于射手戴手套时射击，枪套筒两侧经过抛光处理，但顶部未抛光，以防止瞄准时反光。

• 作战性能

CZ 83 手枪具有传统的反吹作用，这种类型的动作允许枪管牢固地固定在车架上，与使用旋转枪管的手枪相比，提高了准确性。此外，该手枪钻孔采用镀铬处理，具有三个优点：更长的枪管寿命，使用腐蚀性弹药可防锈，并且易于清洁。

枪械爱好者正在使用 CZ 83 手枪

No. 60 捷克 CZ 110 半自动手枪

基本参数	
枪长	180 毫米
枪重	665 克
弹容量	10 发
服役时间	1996 年至今
口径	9 毫米
有效射程	50 米
枪口初速度	310 米 / 秒
生产数量	100 万把

★ 黑色涂装的 CZ 110 手枪

CZ 110 是一把枪管短行程后坐作用、后膛装填的半自动手枪，装有短行程后坐的枪管，并且利用枪管的一块大型锁耳与套筒内壁相应的位置啮合并且闭合抛壳口实行闭锁，如果需要开锁，枪管需要利用置于枪管下方的凸轮和底把内部的凸轮导杆向下摆动。底把由耐碰撞的高硬度聚合物制造，套筒由钢制造。

CZ 110 手枪以击针发射，击针可以由套筒的复进循环令其完全竖起，如果不是必须立即开火的话，可以利用待击解脱杆降低击锤来锁上全枪。该手枪内部装有携带时令击针不能做任何移动而仍然保持上膛的特殊保险。该手枪还设计有双动操作的扳机机构，然而，如果需要更准确地发射第一发子弹（扳机在单动操作模式），就需要向后拉动套筒大约 10 毫米并竖起击针。

★ 完全分解后的 CZ 110 手枪

★ CZ 110 手枪

No. 61 韩国 K5 半自动手枪

基本参数	
枪长	191 毫米
枪重	800 克
弹容量	12 发
服役时间	1989 年至今
口径	9 毫米
有效射程	50 米
枪口初速度	350 米 / 秒
枪机种类	枪管短后坐

K5 手枪是由韩国大宇集团设计生产的一款半自动手枪，有多种衍生型号，已知的有 DP51 和 DP51C，其中前者是 K5 的民用型版本，后者是 DP51 的紧凑型。

●研发历史

1967 年大宇集团正式成立，最开始从事劳动密集型产品的生产和出口。20 世纪 70 年代，该集团开始发展化学工业，后向汽车、电子和重工业领域投资，并参与国外资源的开发。其经营范围包括外贸、造船、重型装备、汽车、电子、通信、建筑、化工、金融等，有 29 个系列公司，30 多个国外分公司。可以说大宇集团在韩

★ K5 手枪 3D 图

国有着雄厚的实力和人力资源。80 年代，大宇集团应韩国军方要求设计一款新型的半自动手枪，而该集团的产品正是 K5 手枪。

•武器构造

K5 手枪的枪身由铝合金与使用哑光制成，而套筒是由使用烤蓝的钢制成，采用枪管短行程后坐作用操作和使用传统的勃朗宁式闭锁系统，是一把紧凑而且轻巧的手枪。

★ K5 手枪分解图

•作战性能

K5 手枪设计有一个称之为“快速行动”的扳机模式，由于这种扳机需要的扣力较小，非常方便于受伤者或身心障碍人士使用。还配备有击针块，可阻止击针因为碰撞向前移，可以防止手枪走火，除非使用者扣下扳机，这一设计使得 K5 的安全系数大大提高。此外，K5 还设计有一个灵巧、安全的三点式准星。

K5 手枪及其弹匣

No. 62 巴西 PT-945 半自动手枪

基本参数	
枪长	189 毫米
枪重	850 克
弹容量	8 发
服役时间	1995 年至今
口径	11.43 毫米
有效射程	50 米
枪口初速度	345 米 / 秒
枪机种类	枪管短后坐

装有枪套的 PT-945 手枪

PT-945 手枪是巴西陶鲁斯公司设计生产的一款半自动手枪，是该公司生产的第一种发射 11.43 毫米 ACP 枪弹的半动手枪。

陶鲁斯公司于 1939 年在巴西中西部城市阿雷格里港建立，起初它只不过是一家小规模的枪械零部件制造商，没有实力进行整枪的设计和生产，主要是通过购买美国柯尔特、史密斯 · 韦森以及意大利伯莱塔等公司的技术和一些核心组件来组装枪械。不过，陶鲁斯公司并不甘心如此，在“拼装”枪械的过程中，它不断汲取其他公司枪械设计的技术和理念，并大规模招贤纳士，壮大自己的实力。经过多年的打拼，陶鲁斯公司终于在 1995 年推出了自主设计的第一款半自动手枪：PT-945 手枪。

PT-945 手枪采用由陶鲁斯公司设计的三位置保险系统，该保险系统早从 1991 年起就开始在陶鲁斯半自动手枪中普遍使用。在该手枪套筒座后部两侧各有一手动保险柄，使得手枪可以在待击状态下安全携带，将保险柄下压到底可安全解脱待击的击锤。除手动保险外，它还有击针自动保险和弹膛有弹指示器。

PT-945 手枪在封闭的套筒顶部装有可调风偏的低高度三点式瞄具。单排弹匣可容纳 8 发枪弹，握把细长扁平，射手使用该握把时，不会像使用其他 11.43 毫米 ACP 手枪那样，感到自己的手指短小。

★ PT-945 手枪侧面特写

★ 黑色涂装的 PT-945 手枪

No. 63 巴西 PT-92 半自动手枪

基本参数	
枪长	216 毫米
枪重	963.88 克
弹容量	10/15//17/30 发
服役时间	1983 年至今
口径	9 毫米
有效射程	50 米
枪口初速度	375 米 / 秒
枪机种类	枪管短后坐

PT-92 手枪是陶鲁斯公司改进于意大利伯莱塔 92 手枪的一款半自动手枪，可发射 9×19 毫米子弹。

●研发历史

伯莱塔公司的 92 手枪推出后就成为该公司手枪特色的标准，其出色的性能、优美的外形以及独特的设计，引起了不少用户追捧和军工企业的效仿。20 世纪 80 年代，作为生产枪械零部件的陶鲁斯公司，为壮大自己的资金力量，在伯莱塔公司的准许下，开始仿制伯莱塔 92 手枪，并加以改进。PT-92 手枪就是在伯莱塔 92 手枪的基础上稍加改进而来的。

PT-92 手枪侧面特写

•武器构造

同伯莱塔 92 手枪一样，PT-92 采用了开放式套筒设计，套筒的上半部分被切去并且暴露了枪管本身。外形上，PT-92 酷似 92 手枪，最明显的是两者皆具有方形扳机护圈（在击发用于支撑另一只手的食指）。

★ PT-92 手枪及弹匣

•作战性能

PT-92 手枪的设计经历了多次修改，1991 年开始设置有陶鲁斯公司设计的三位置保险系统。15 发弹容量是该手枪早期的子弹标准装填数量，后陶鲁斯公司生产了 17 发弹容量的 PT-92 手枪，其持续设计火力可与大名鼎鼎的格洛克 17 手枪相媲美。2005 年，陶鲁斯公司开始生产在底把上内置配件导轨的 PT-92。

★ PT-92 手枪及子弹

No. 64 波兰 P-64 手枪

P-64 手枪分解图

基本参数	
枪长	155 毫米
枪重	636 克
弹容量	6 发
服役时间	1965 年至今
口径	9 毫米
有效射程	50 米
枪口初速度	314 米 / 秒
枪机种类	枪管短后坐

P-64 手枪是由波兰“弓箭手”武器工厂生产的一款半自动手枪，属袖珍型手枪，能有效杀伤近距离内有生目标。

20 世纪中期，有很长一段时间波兰军队使用的武器购买于德国、苏联等国家，这对一个国家的军事力量来说有些消极。所以，波兰军方一再提出要使用自己本土的武器。20 世纪 40 年代末期，学习了当时世界先进武器设计理念的波兰“弓箭手”武器工厂开始为其军方设计武器，并成功于 1950 年推出 P-64 手枪。

P-64 手枪采用自由枪机式工作原理，子弹被击发后，火药气体压力推动套筒弹底窝平面，使得套筒后坐，完成抽壳、抛壳等动作。此外，该手枪的手动保险机柄安在套筒左后方，显示红点为发射位置，红点被手动保险机柄挡住为保险状态。为便于手枪握持，该手枪弹匣底部向前伸出了一个凸角。

第3章

全自动手枪

全自动手枪又叫冲锋手枪，是一种类似冲锋枪用途，可全自动发射的手枪。可使用肩托射击，半自动射击时，有效射程可达100米。由于全自动手枪质量轻，尺寸小，在数十米内能发挥相当大的火力威力，可执行部分冲锋枪的传统任务。因此，该类武器可考虑配发给空降部队、小分队指挥员、侦察兵、汽车兵、炮手、导弹手、后勤人员以及公安防暴人员。

No. 65 德国毛瑟 C96 全自动手枪

基本参数	
枪长	288 毫米
枪重	1130 克
弹容量	10 发
服役时间	1899 ～ 1961 年
口径	7.63 毫米
有效射程	100 米
枪口初速度	425 米 / 秒
生产数量	约 100 万把

C96 手枪是由毛瑟公司设计生产的一款全自动手枪。

•研发历史

C96 是由毛瑟公司的科研设计人员设计而来。1895 年 12 月 11 日，毛瑟公司为该枪申请了专利，1896 年正式生产，1939 年停产，前后总共生产了约 100 万把 C96 手枪，此外，其他国家也仿制了数百万把。

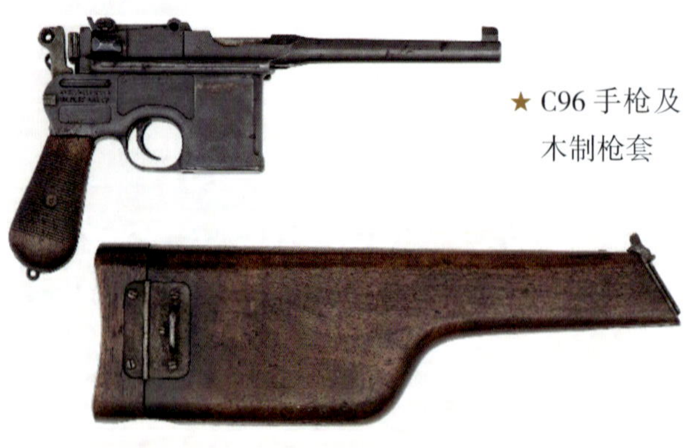

★ C96 手枪及木制枪套

C96 手枪在生产过程中少有改进，并非毛瑟公司不重视，而是因为原始设计已经十分完美。该手枪是

“丑得可爱”的标准典型，而“丑”的背后是让人惊叹的神奇——整支枪没有使用一个螺丝或插销，做到了所有零件严丝合缝，其构造也让现代手枪为之汗颜。

•武器构造

C96 手枪在击发时，后坐力使得枪管兼滑套及枪机向后运动，此时枪膛依旧处于闭锁状态。由于闭锁榫前方是钩在主弹簧上，因此有一小段自由行程。由于闭锁机组上方的凹槽，迫使闭锁榫向后运动时，只能顺时针向下倾斜，因此脱出了枪机凹槽。此时枪管兼滑套因为闭锁榫仍套在其下，后退停止。枪机则因为闭锁榫脱出而得以自由行动，完成抛壳等动作，最后因力量用尽，复进簧将枪机推回、上弹，回复到待击状态。

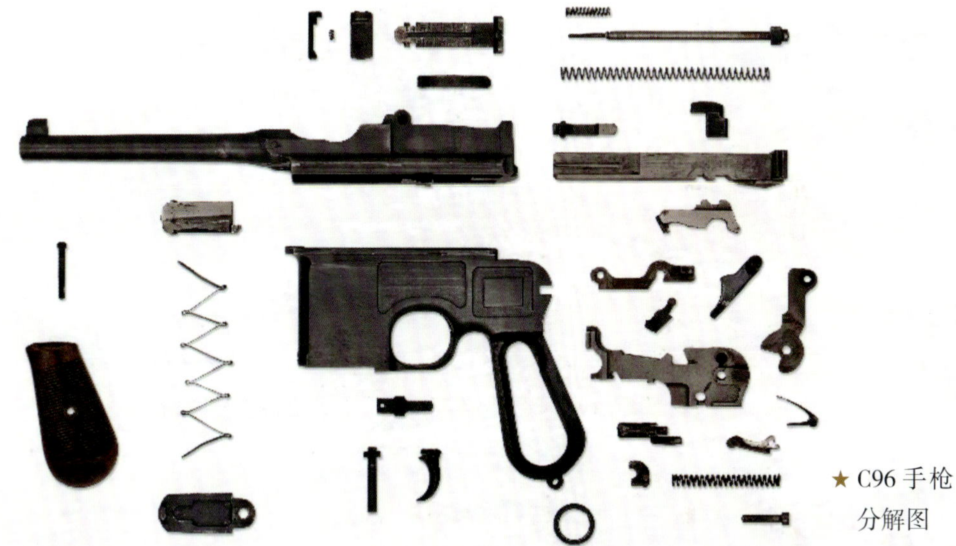

★ C96 手枪分解图

•作战性能

C96 手枪是世界上第一种量产型的冲锋手枪，具有装弹量大、射程远、射击精度相对较好等优点。由于 C96 手枪的枪套是木制盒子，所以将其倒装在握柄后，便可立即转变为一支冲锋枪，能够成为肩射武器。

★ C96 手枪及枪套

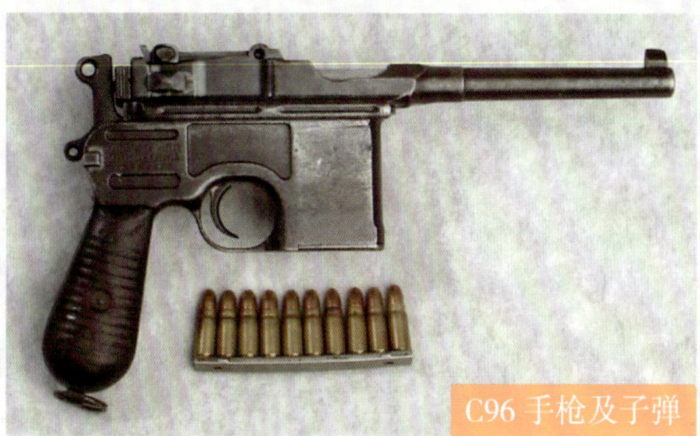

C96 手枪及子弹

No. 66 德国 HK MP7 全自动手枪

基本参数	
枪长	638 毫米
枪重	1900 克
弹容量	20/30/40 发
服役时间	2001 年至今
口径	4.6 毫米
有效射程	200 米
枪口初速度	724.81 米 / 秒
枪机种类	短行程活塞

HK MP7 手枪是一款由德国 HK 公司研发的全自动手枪。

•研发历史

1989 年 4 月，北大西洋公约组织提出在 2000 年后需要个人防卫武器的提案，自 FN 公司推出 FN P90 冲锋手枪作为个人防卫武器之后，德国的 HK 公司将 MP5K 进行了改良，推出 MP5K PDW 之外，还研发新的无壳弹手枪作为新的个人防卫武器方案，完成了 G11 PDW 无壳弹手枪，不过并没有正式量产，该计划最后也取消了。直到 1933 年，英国皇家军械公司与 HK 公司合作展开了一项名为“PDW 武器”的计划，由英国皇家军械公司负责研发弹药，HK 公司则负责研发枪械。2001 年时，HK 公司终于正式发布了全新的武器，HK 公司一开始并没有给它正式名称，只称为 PDW，直到正式量产时才有了自己的名字，称其为 HK MP7。

★ HK MP7 手枪及弹匣

★ HK MP7 手枪后侧方特写

•武器构造

HK MP7 手枪可以选择单发或全自动发射，弹匣释放钮设计与 HK USP 手枪相似。该手枪装有特制的消音器，不会因为枪支经消音而降低其精射速、贯穿力及精度。该手枪枪身短小，所以除了自卫外，还适用于室内近身作战及要员保护。除此之外，HK MP7 手枪由三颗销钉固定，射手只需用枪弹作为工具便可完成大部分分解。

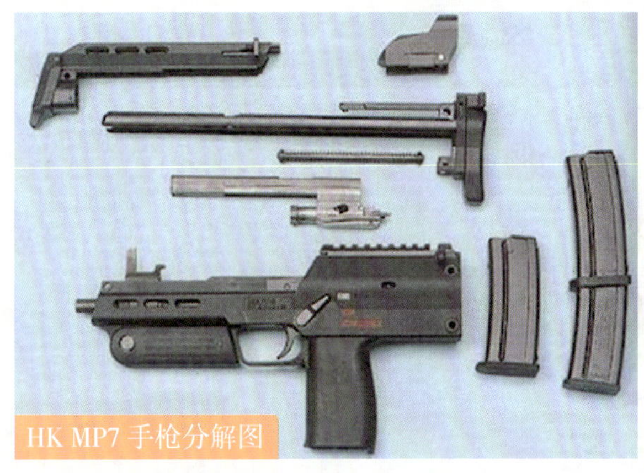
HK MP7 手枪分解图

•作战性能

HK MP7 手枪采用 4.6×30 毫米口径子弹，它是由 HK36 突击步枪的 4.6×36 毫米口径子弹缩短而成。这种子弹不仅具有极轻的质量和低后坐力，比 9 毫米口径的子弹威力更强大，还能有效地提供足够的穿透力，且后坐力很小，有效射程也较远，但制止能力不太足够。

★ 士兵使用 HK MP7 手枪进行射击

No. 67 德国 HK VP70 全自动手枪

基本参数	
枪长	204 毫米
枪重	820 克
弹容量	18 发
服役时间	1970 ～ 1989 年
口径	9 毫米
有效射程	50 米
枪口初速度	360 米 / 秒
枪机种类	纯双动

HK VP70 是一种纯双动枪机的 9 毫米手枪，由 HK 公司设计生产。

●研发历史

20 世纪 60 年代末期，HK 公司想改变以前的手枪设计方式，对新型手枪既要求有精准的单发射击，还要有冲锋枪那样的火力。随后，70 年代初期，HK 公司开始将这一设计理念付诸行动，经过一段时间苦苦钻研，最终推出了 HK VP70 手枪。该手枪在 1970 年公开，但在 1973 年才正式开始推向市场。

★ 安装枪托的 HK VP70 手枪

•武器构造

HK VP70 手枪最为突出的一个特点是双动结构，因此，枪上没有保险装置，且大量采用塑料件和铝制件。该手枪独立使用时只能单发半自动射击，装上塑聚合物枪托（枪套）后可进行三发点射。除此之外，HK VP70 手枪为纯双动式扳机设计，为了避免新手使用时发生走火，所以扳机扣力较重，而且扣动距离过长，使得射手进行精确瞄准有些困难。

★ 黑色涂装的 HK VP70 手枪

★ HK VP70 手枪

•作战性能

早在 20 世纪 60 年代 HK VP70 全自动手枪就已经大量采用聚合物材料制造了。而且 HK VP70 的独创性不仅于此，在它之前的全自动手枪都是采用连发和单发两种发射方式，而 HK VP70 手枪则采用 3 发点射和单发两种发射方式，其目的是用来控制射速和提高精确度。

★ HK VP70 手枪上方视角

HK VP70 手枪及弹匣

No. 68 苏联 / 俄罗斯斯捷奇金 APS 手枪

基本参数	
枪长	225 毫米
枪重	1020 克
弹容量	20 发
服役时间	1951 年至今
口径	9 毫米
有效射程	50 米
枪口初速度	340 米 / 秒
枪机种类	后坐作用

APS 手枪是由苏联枪械设计师伊戈尔·斯捷奇金设计、图拉兵工厂生产的一款全自动手枪，发射 9×18 毫米马卡洛夫枪弹。

●研发历史

二战后，为了增强本国军队作战力量以及给后勤人员提供优秀的自卫力，苏联开始寻求一种新型的手枪，对其要求有两点：一是能进行半自动、全自动射击以及可以驳接枪托，并且在全自动射击时容易操控；二是能够发射新的 9×18 毫米马卡洛夫手枪弹。随后，伊戈

APS 手枪上方视角

尔·斯捷奇金根据该要求设计出了 APS 斯捷奇金手枪。该手枪在 1951 年与马卡洛夫 PM 手枪一起被苏军采用，其后在 20 世纪 50 年代大量派发给炮兵、军用载具的驾驶员以及使用 RPG 火箭筒的步兵等部门作为防身武器使用。

•武器构造

APS 手枪采用一种可驳接到手枪上充当枪托的硬壳式枪套，不仅可以通过腰带卡把枪套挂在腰上，还能通过手枪握把尾端的引导槽驳接枪套，当作枪托使用，其目的是为了提高全自动射击时的散布精度以及进一步增大射程。

APS 手枪采用自由后坐式工作原理，其结构类似于马卡洛夫 PM 手枪，外露式击锤，双动扳机，复进簧套在枪管外，双排双进弹匣。该手枪为了在全自动射击时能够容易控制，所以在握把内安装了一个插棒式弹簧缓冲器，并把套筒后坐行程延长到相当于 PM 枪弹长度的 2 倍，使理论射速降低到 600 发 / 分。

APS 手枪及子弹

•作战性能

APS 手枪与马卡洛夫 PM 手枪相比具有更好的精度以及更大的弹容量，该枪不仅能以半自动模式准确迅速地射击，还可以在室内近战的紧急情形下进行全自动射击。尽管有更现代和威力更大的手枪出现，例如 GSh18 手枪，但 APS 手枪依然使用库存量足和价格便宜的 9×18 毫米手枪弹，以及较低的后坐力和良好的射击精度，所以直到现在仍然被俄罗斯的执法机构和特种部队使用。

安装枪托的 APS 手枪

No. 69 俄罗斯 PP-2000 手枪

基本参数	
枪长	340 毫米
枪重	1400 克
弹容量	20/44 发
服役时间	2006 年至今
口径	9 毫米
有效射程	100 米
枪口初速度	460 米 / 秒
枪机种类	闭锁式枪机

PP-2000 是由俄罗斯图拉仪器设计局研制的全自动手枪，发射多种 9×19 毫米鲁格弹。

•研发历史

PP-2000 手枪由图拉仪器设计局的著名设计师戈里亚捷夫院士和什浦诺夫教授主持设计，于 2004 年夏季首次公开亮相。PP-2000 手枪是俄罗斯研制的先进型号冲锋枪，同时兼具冲锋手枪和个人防卫武器的特点。2008 年，该手枪被俄罗斯警方采用。

装有战术配件的 PP-2000 手枪

武器构造

早期的 PP-2000 手枪不仅可以把备用的 44 发可拆卸式弹匣装在枪的后方，还能用作储存及充当枪托的用途。但由于不实际，所以在量产型时已被金属线所制成的折叠枪托取代。

★ PP-2000 手枪侧方特写

PP-2000 手枪的枪身用单块式聚合物制造，可以减轻重量和提高耐腐蚀性。此外，枪口可装上消音器，机匣顶部的 MIL-STD-1913 战术导轨可装上红点镜以更适合战斗。

★ PP-2000 手枪不完全分解图

作战性能

PP-2000 手枪的设计十分紧凑，能够以最小体积达到强大的火力。该手枪可以发射俄罗斯以外生产的任何商业市场上的 9×19 毫米北约口径手枪子弹，并能够使用专门设计的新型 7N21 和 7N31 两种高膛压穿甲型手枪子弹，这两种子弹能让使用者攻击障碍物或在车内的敌人。

★ PP-2000 手枪 3D 图

枪械爱好者正在使用 PP-2000 手枪

No. 71 奥地利格洛克 18 全自动手枪

基本参数	
枪长	186 毫米
枪重	620 克
弹容量	17/19/31/33 发
服役时间	1983 年至今
口径	9 毫米
有效射程	50 米
枪口初速度	375 米 / 秒
枪机种类	自由枪机

格洛克 18 手枪是由格洛克公司设计生产的一款全自动手枪，目前在世界多支特种部队服役。

●研发历史

格洛克 18 手枪是格洛克 17 式手枪的改进型。20 世纪 80 年代，格洛克公司设计格洛克 17 半自动手枪时，就想要扩大手枪市场，而非只有奥地利军队这一个市场。随后，格洛克公司分别推出不同型号的格洛克系列手枪，其中为特种部队设计的正是格洛克 18 手枪。

格洛克 18 手枪及子弹

•武器构造

★ 格洛克 18 手枪

格洛克 18 手枪的射击控制机构极其简单，在扳机拉杆处有一块向上突起白金属片。该手枪结构与格洛克 17 手枪基本相同，主要改变了击发组件，可以连发射击。此外，格洛克 18 手枪设置有在半自动和全自动切换的选择钮，选择钮负责释放第一道撞针的保险，当射手扣下扳机时立刻释放撞针来击发子弹，而当滑套往复运行时，因无第一道保险的限制所以能全自动射击；向下为全自动模式，向上为单发模式。

★ 格洛克 18 手枪及弹匣

•作战性能

格洛克 18 手枪的外形小，火力强，所以在遭遇持枪恐怖分子袭击时，使用该手枪的特种部队可用其达 1300 发 / 分的高射速构成弹幕，压制暴徒或掩护政要迅速撤离现场。

★ 格洛克 18 手枪正面视角

★ 黑色涂装的格洛克 18 手枪

No. 72 意大利伯莱塔 93R 全自动手枪

93R 手枪是伯莱塔公司设计生产的一款全自动手枪。

基本参数	
枪长	250 毫米
枪重	1170 克
弹容量	15/20 发
服役时间	1979 ～ 1993 年
口径	9 毫米
有效射程	50 米
枪口初速度	375 米 / 秒
枪机种类	单动式

•研发历史

伯莱塔 92 手枪（即 M1951 手枪）是伯莱塔公司于 20 世纪中期设计生产的一款半自动手枪。由于该枪性能太差，所以伯莱塔公司想射击一款火力强大、可随身携带的小型武器。20 世纪 70 年代，意大利恐怖活动日益猖獗，伯莱塔公司又恰巧想重新打造伯莱塔 92 手枪，于是就以该枪为蓝本，推出了一款全自动型手枪——伯莱塔 93R 手枪。

★ 伯莱塔 93R 手枪 3D 图

•武器构造

伯莱塔 93R 手枪与伯莱塔 92 手枪最大的不同之处就是采用了单动式扳机设计，而且该手枪还可选择单发或三发点射，所以比伯莱塔 92 手枪多出了一个射击选择钮，位置在大拇指的上方。当选择钮对准上方的一个白点时，手枪只能射出 1 发子弹，对准下方的 3 个白点时，则可以 1100 发 / 分的射速打出 3 发子弹。此外，该手枪的标准配备是 20 发的长弹匣，但也能使用 15 发弹匣。

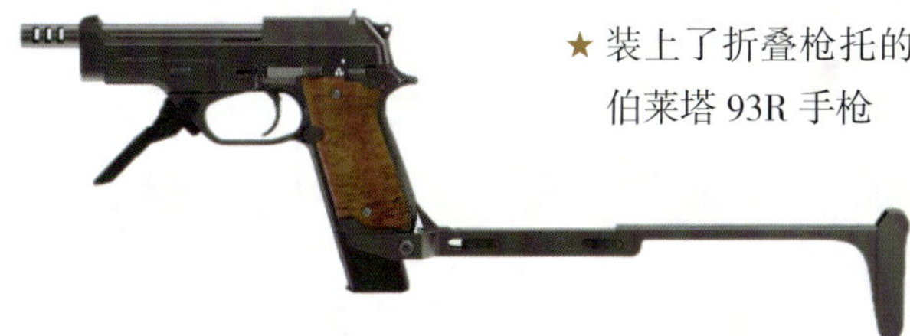

★ 装上了折叠枪托的伯莱塔 93R 手枪

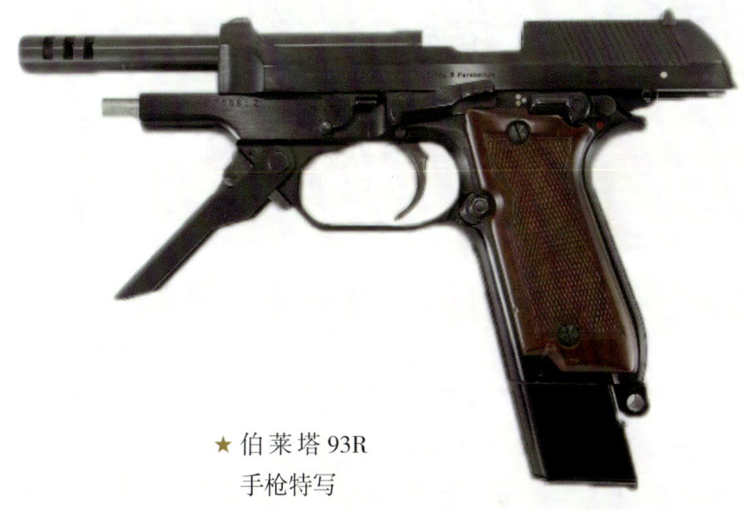

★ 伯莱塔 93R 手枪特写

•作战性能

伯莱塔 93R 手枪的三发点射模式虽然表面上看起来能够节省子弹、提高命中率，但事实上却限制了它的火力。

★ 伯莱塔 93R 手枪及弹匣、子弹

★ 伯莱塔 93R 手枪不完全分解图

No. 73 比利时 FN P90 手枪

基本参数	
枪长	500 毫米
枪重	2540 克
弹容量	50 发
服役时间	1991 年至今
口径	5.7 毫米
有效射程	150 米
枪口初速度	715 米 / 秒
枪机种类	闭锁式

FN P90 手枪是比利时 FN 公司于 1990 年推出的一款全自动手枪，它是世界上第一种使用了全新弹药的个人防卫武器。

•研发历史

二战结束后，各个军工企业针对新型战场开始研发新式武器，FN 公司也不例外。与此同时，FN 公司对当时现有的武器和弹药进行了一系列的研究，随后发现，这些武器和弹药似乎并不适合个人防卫武器的要求，于是在 1986 年开始研发全新的子弹 SS190（5.7×28 毫米）及新款枪械 P90 手枪。

射击爱好者正在使用 FN P90 手枪

•武器构造

FN P90 手枪采用无托结构，能随时进行左右手射击，射击模式可选择半自动或自动。除此之外，该手枪还采用单纯反冲原理，由枪机重量造成的惯性及复进簧的阻力使子弹发射时保持闭锁，使 P90 能够做精准射击。因其单纯反冲的结构简单，所以提高了 P90 的可靠性，便于保养还可降低生产成本。

FN P90 手枪的弹匣位于枪管上方，子弹放在弹匣内时，方向与枪管呈 90 度垂直，射击时可以通过匣内螺旋状滑槽旋转 90 度，与枪管平行后送入枪膛。

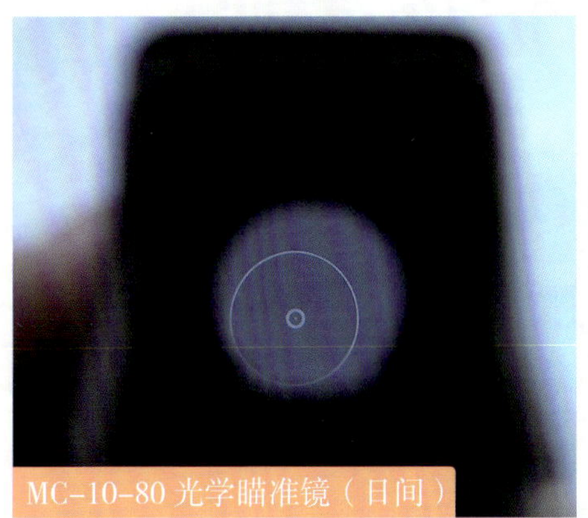
MC-10-80 光学瞄准镜（日间）

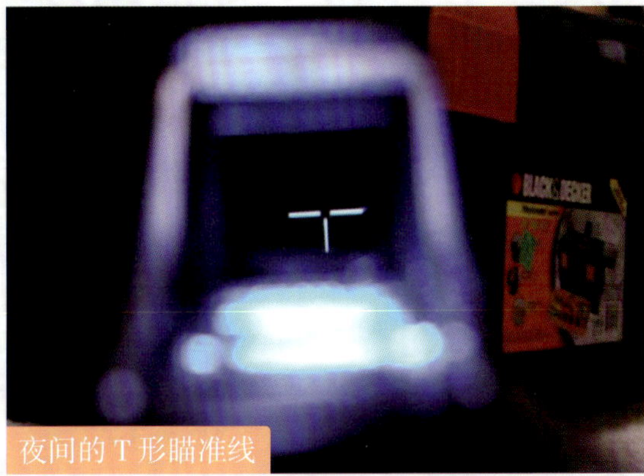
夜间的 T 形瞄准线

•作战性能

FN P90 手枪能够有限度地同时取代冲锋枪、半自动手枪以及短管突击步枪等枪械，它使用的 SS190 子弹可以把后坐力降至低于手枪，且穿透力达到不仅能有效击穿手枪不能击穿的、具有四级甚至于五级防护能力的防弹背心等个人防护装备。除此之外，该手枪的野战分解十分容易，经简单训练便能在 15 秒内完成不完全分解，便于保养和维护。

FN P90 手枪及弹匣

No. 74 瑞士 B&T MP9 全自动手枪

基本参数	
枪长	303 毫米
枪重	1400 克
弹容量	15/20/25/30 发
服役时间	2004 年至今
口径	9 毫米
有效射程	50 ～ 100 米
枪口初速度	400 米 / 秒
枪机种类	闭锁式

MP9 是由位于瑞士图恩的布鲁加 · 托梅公司（B&T 公司）设计及生产的全自动手枪。

● 研发历史

2001 年美国 9 · 11 事件后，布鲁加 · 托梅公司通过市场调查，开始分析全球国际间军、警特种部队的需求。经过分析研究之后，该公司决定开发一种新型个人防卫武器。不过公司并没有采取自行设计，而是向奥地利的施泰尔 · 曼利夏公司购买了该公司已经研制成功但只是少量投放市场的施泰尔 TMP 战术冲锋枪，并且连同全部

黑色涂装的 MP9 手枪

专利权、商标权和在世界范围的生产权一起购买下来。布鲁加·托梅公司广泛汲取来自警察、部队的许多使用者的经验，并参考大多数如今还在市场销售的冲锋枪的结构，在TMP的基础上对其进行全面的改进，从而产生了现在的MP9手枪。

•武器构造

MP9手枪采用了新型工程塑料制造，抗腐蚀性强，即便是在海水中使用也不会生锈。MP9是在TMP手枪的基础上改良而成，所以MP9手枪也装有向前倾的前握把，而在连发时的稳定和准确度也与TMP相似。MP9全自动射击时，发射数发子弹之后便自动稳定，然后会准确命中目标。

★ 安装战术配件的MP9手枪

★ MP9手枪及弹匣

•作战性能

MP9手枪的设计充分考虑到人体工程学，使用非常简单，精确度高，质量可靠，能够在紧急时单手使用，最初设想是作为个人防卫武器，给非常规战斗人员使用。

★ B&T MP9手枪正面特写

★ 士兵正在使用MP9手枪

No. 75 瑞典 CBJ-MS 全自动手枪

基本参数	
枪长	363 毫米
枪重	2800 克
弹容量	20/30 发
服役时间	2000 年至今
口径	6.5 毫米
有效射程	400 米
枪口初速度	700 米 / 秒
枪机种类	包络式枪机

CBJ-MS 是由瑞典枪械设计师伯蒂尔 · 约翰逊设计的一款全自动手枪。

●研发历史

2000 年 8 月 CBJ-MS 全自动手枪首次展出，该武器在很多方面都是不同寻常的，不仅是因为它担当了最主要的全自动手枪的角色，必要时可充当个人防卫武器、冲锋枪、突击武器以及轻型支援武器等。除此之外，CBJ-MS 也可以现场转换其口径，转换程序完成后就可发射两种口径的弹药。

★ CBJ-MS 全自动手枪侧面图

•武器构造

CBJ-MS 全自动手枪的基本工作原理是采用后膛开放式枪机、直接反冲作用以及固定式击针。其整体外观酷似乌兹冲锋枪，二者的主要区别在扳机护圈前方的前握把，CBJ-MS 的前握把内部中空，能够容纳一个备用弹匣，以加快更换弹匣的速度。与乌兹冲锋枪一样，CBJ-MS 使用包络式枪机，在枪机闭锁时包覆着枪管尾部的大部分，从而缩短枪机运作距离，也可达到缩短全枪总长度。由于机匣上方设有 MIL-STD-1913 战术导轨，因此其拉机柄由早期型乌兹冲锋枪的设于机匣顶部的 U 型拉机柄改为装在机匣尾部的塞子型拉机柄。向后拉动拉机柄时使枪机待击，松手后自动弹回（不论开放式枪机和闭锁式枪机），而且射击时不会跟随枪机一起运动。此外，该武器还把主握把前板作为其握把式保险，必须按压才可发射，能够大大降低走火的机会。

★ CBJ-MS 全自动手枪未完全分解图

•作战性能

CBJ-MS 全自动手枪是一种非常紧凑的武器，在伸缩式钢丝制枪托缩折时只有 363 毫米，而枪托伸展时为 565 毫米。该武器还具有体积小、重量轻、携带方便等优点，其强大的火力令人印象深刻。

士兵正在使用 CBJ-MS 全自动手枪进行射击训练

CBJ-MS 全自动手枪侧面特写

No. 76 捷克斯洛伐克 / 捷克 Vz. 61 全自动手枪

基本参数	
枪长	115 毫米
枪重	1300 克
弹容量	10/20 发
服役时间	1961 年至今
口径	9 毫米
有效射程	50 ～ 100 米
枪口初速度	320 米 / 秒
枪机种类	闭锁式枪机

Vz.61 手枪是由扎斯塔瓦武器公司生产的一款全自动手枪。

•研发历史

20 世纪 50 年代后期 Vz.61 手枪开始研制，其设计目的是为了向非前线战斗步兵单位提供一种重量轻，但比半自动手枪更有效的个人防卫武器。1959 年 Vz.61 手枪的原型被推出，并称其为 S-59 手枪，与 1961 年正式获得采用，被定型为“1961 年型手枪”，简称 Vz.61。

★ Vz.61 手枪及弹匣

Vz.61 手枪侧面特写

Vz.61 手枪在定型后很快就取代了捷克斯洛伐克军队原本装备的 CZ 52 手枪，并装备于特种部队、伞兵以及装甲车 / 直升机组人员和军官。

•武器构造

Vz.61 手枪采用传统的闭锁式枪机工作原理，其结构简单。枪身上装有一个射速减缓器，当枪机后坐到位时，枪机撞击拨弹轮使其绕轴销向上转动，撞击缓冲簧顶杆，解脱枪机，并开始击发。除此之外，该手枪在点射或连发射击时可使用折叠钢丝枪托。与其配套的附件还有臀挎手枪套、肩挎手枪套、消音器以及瞄准装置等。

★ Vz.61 手枪后侧方特写

Vz.61 手枪前侧方特写

•作战性能

Vz.61 手枪具有尺寸小、便于隐藏、消音效果好等优点，而且在近距离有着无可比拟的火力。除此之外，该手枪不仅能够作为近身距离作战中的突击武器，还可作为个人防卫武器。

第 4 章 左轮手枪

左轮手枪是一种个人使用的多发装填非自动枪械，一般有 6 个弹仓，也有少至 4 个或多达 12 个弹仓的设计。左轮手枪具有价格便宜、安全可靠、便于维护等优点。

No. 77 美国柯尔特 M1917 左轮手枪

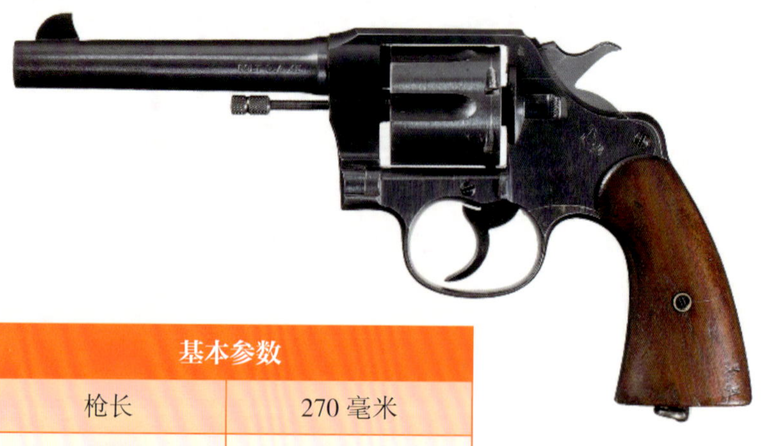

基本参数	
枪长	270 毫米
枪重	1100 克
弹容量	6 发
服役时间	1917 年至今
口径	11.43 毫米
有效射程	50 米
枪口初速度	231.7 米 / 秒
生产数量	300 万把

M1917 手枪是由美国柯尔特公司于 1917 年生产的一款六发式左轮手枪。

●研发历史

20 世纪初期，美国民间武器公司柯尔特和雷明顿以及其他公司根据合同为美国陆军生产 M1911 手枪，但是即使有额外的生产公司，M1911 手枪数量上仍然短缺。这时临时的解决办法是要求两大美国左轮手枪的生产商柯尔特和史密斯－韦森公司生产出适应标准的 0.45 英寸 ACP 口径手枪子弹的重型底把民用型左轮手枪。两家公司的左轮手枪使用月形夹以抽离无缘底板式 0.45 英

史密斯－韦森版本 M1917 及子弹制作手册

寸 ACP 子弹。史密斯－韦森公司发明并获得半月夹的专利，但在美国陆军的要求下，也让柯尔特公司在他们自己的 M1917 左轮手枪版本上免费使用该半月夹设计。

•武器构造

M1917 手枪与 M1909 手枪无太大差别，不同之处在于 M1917 手枪修改了弹巢膛径以适应 0.45 英寸 ACP 子弹，并可使用半月夹以保持无缘底板式子弹于弹巢内的位置。而且早期生产的左轮手枪，在没有半月夹下企图发射 0.45 英寸 ACP 子弹的话是不可靠的，因为子弹会在弹巢内前后滑动，不易定位，因而远离击针。但后来生产的柯尔特 M1917 左轮手枪已经能够在弹巢膛室内进行壳头间隙加工。

M1917 手枪后侧方特写

★ 分解后的 M1917 手枪

•作战性能

M1917 手枪主要用作射击训练，在民用市场比较常见，而且在一战后期大量装备于美军。1920 年，彼得斯弹药公司推出了 0.45 英寸 Auto Rim 弹药（11.43×23 毫米口径），这个 0.45 英寸 ACP 弹药采用带凸缘设计，能够使 M1917 手枪在不需要半月夹的情况下进行可靠射击。

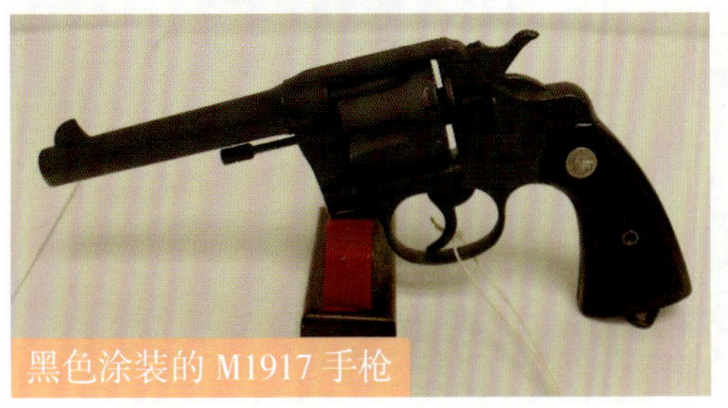
黑色涂装的 M1917 手枪

★ M1917 手枪

No. 78 美国柯尔特“蟒蛇”左轮手枪

基本参数	
枪长	217 毫米
枪重	952 克
弹容量	6 发
服役时间	1955 ～ 2005 年
口径	9 毫米
有效射程	50 米
枪口初速度	353.56 米 / 秒
枪机种类	双动操作枪机

“蟒蛇”手枪是 1955 年由柯尔特公司设计生产的一款左轮手枪，该枪发射 9×19 毫米子弹。

●研发历史

1955 年柯尔特公司正式推出“蟒蛇”手枪，最初想法是准备把该手枪设计为一种加强型底把的 9.65 毫米口径、特种单/双动击发的比赛级左轮手枪，但因其他因素，最后造就了一支以精度和威力

“蟒蛇”手枪右侧方特写

著称的 9 毫米口径的经典左轮手枪。

即使该手枪性能较为优秀，可其他主攻左轮手枪的公司的实力也十分强大，并设计出了更优秀的左轮手枪，所以“蟒蛇”手枪销量逐渐下降，1999 年 10 月该手枪停止量产。

★“蟒蛇”手枪侧方特写

武器构造

“蟒蛇”手枪最初有镀光亮镍和皇家蓝色两种颜色。扳机在完全扳上时，弹巢会闭锁。为了便于撞击子弹底火，在弹巢和击锤之间相差的距离较短，使扣下扳机到发射之间的时间缩短，从而提高了射击的精度和速度。

★“蟒蛇”手枪及其他配件

作战性能

“蟒蛇”手枪采用了持续射击过后就会比较“迟钝”的设计，它的射击精度比较高，且扳机扣动容易。但这种设计会使弹巢因为强迫击锥活动而不能够精确对准及射击，从而容易发生被火药烧伤的事故。

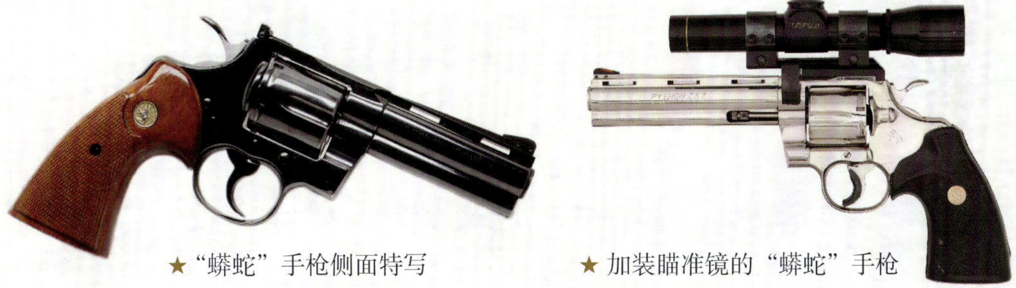
★“蟒蛇”手枪侧面特写

★加装瞄准镜的“蟒蛇”手枪

No. 79 美国柯尔特“巨蟒”左轮手枪

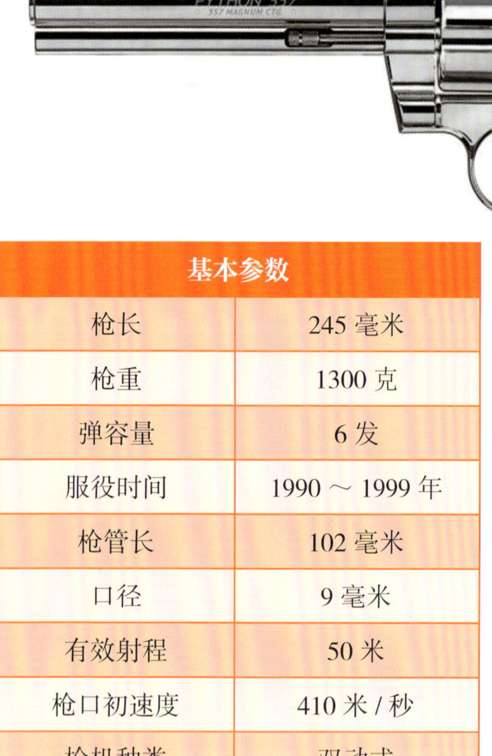

基本参数	
枪长	245 毫米
枪重	1300 克
弹容量	6 发
服役时间	1990 ～ 1999 年
枪管长	102 毫米
口径	9 毫米
有效射程	50 米
枪口初速度	410 米 / 秒
枪机种类	双动式

“巨蟒”是由柯尔特公司设计生产的六发式左轮手枪。该枪结构简单，安全可靠，可轻易排除不发弹。

•研发历史

“巨蟒”手枪是以蛇命名的七种柯尔特手枪之一。1990 年“巨蟒”手枪刚开始上市销售就被查出其射击精准度有问题，所以被暂时停止销售了一段时间，后来该问题被查明来自枪管缺陷，修复问题以后，“巨蟒”手枪又被重新销售。虽然该手枪可以发射威力巨大的子弹，但其后坐力并不大，1999 年“巨蟒”手枪停止销售。

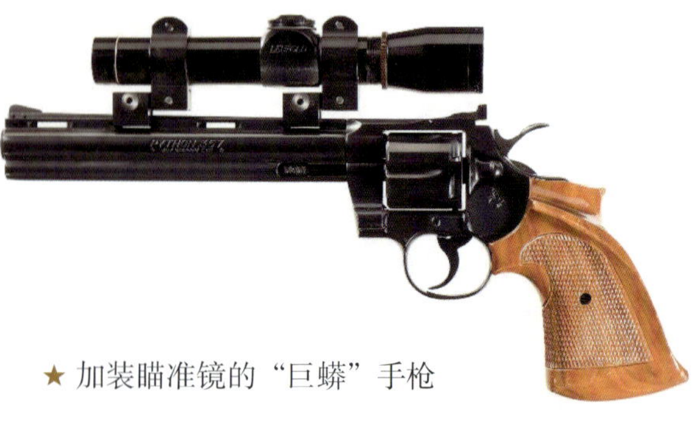

★ 加装瞄准镜的“巨蟒”手枪

•武器构造

“巨蟒”手枪除了握把外均采用不锈钢精细加工，表面抛光，而且握把分为橡胶和木头两种材质，整体结构紧凑。该手枪的弹仓为一整体转轮，上面设有 6 个供安装子弹的弹槽，依次与枪管吻合，可单发射击。不仅如此，装弹和退弹时，弹仓可自手枪左侧退出，转轮上的 6 个弹巢入口处的斜面加工精细，有利于子弹平稳装入。

“巨蟒”手枪的瞄准具分为机械瞄准具和光学夜视瞄准仪两种，前者由大型的片状星和表尺组成，后者则适合于夜间使用。

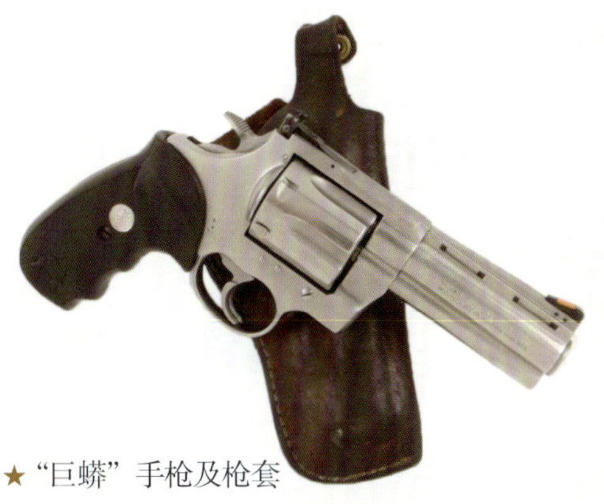

★“巨蟒”手枪及枪套

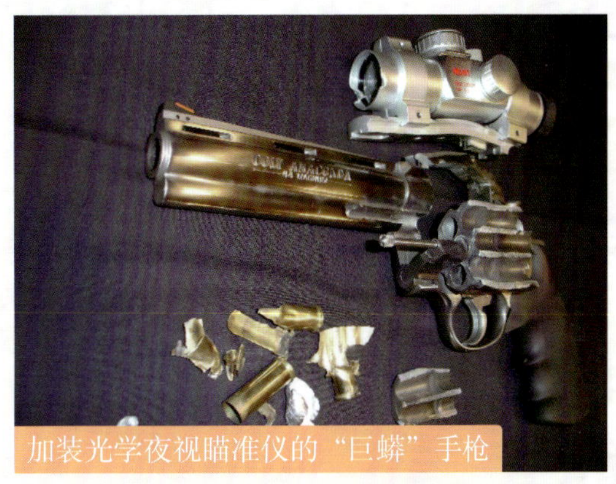

加装光学夜视瞄准仪的“巨蟒”手枪

•作战性能

“巨蟒”手枪因其射击精准而闻名世界，不仅如此，该手枪在二战后还是柯尔特公司最主要的双动式左轮手枪。因为威力较大，所以该手枪更适合于射击比赛和打猎。

★“巨蟒”手枪及黑色握把

★“巨蟒”手枪弹巢特写

No. 80 美国柯尔特“眼镜王蛇”左轮手枪

基本参数	
枪长	191 毫米
枪重	1191 克
弹容量	6 发
服役时间	1986 ～ 1998 年
口径	9 毫米
有效射程	50 米
枪口初速度	430 米 / 秒
枪机种类	单 / 双动式操作

“眼镜王蛇”手枪是由柯尔特公司设计生产的一款左轮手枪，于 1986 年首次推出。该枪性能可靠，火力强大，用途广泛。

•研发历史

20 世纪 80 年代，由于“蟒蛇”手枪的销售市场有所动荡，柯尔特公司为了稳住自己在左轮手枪上的地位，便决定开发另一款左轮手枪。由于 19 世纪的“骑兵”以及 M1851“海军”左轮手枪深受人们喜爱，所以 1986 年柯尔特公司以“骑兵”手枪为基础，推出了“眼镜王蛇”手枪。

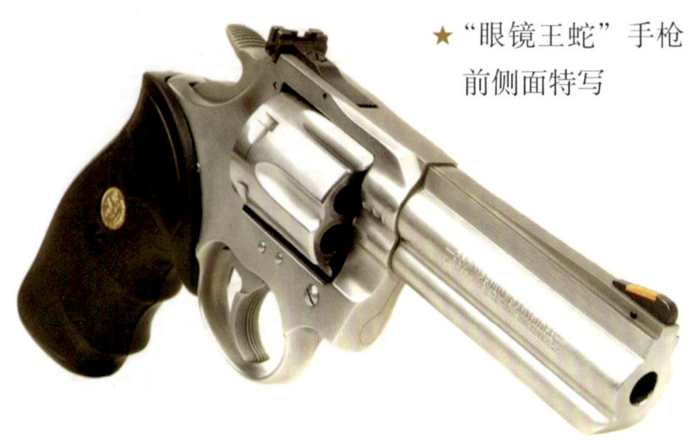

★“眼镜王蛇”手枪前侧面特写

武器构造

“眼镜王蛇”手枪的瞄准系统是由固定的铁制红色刀片型准星和一个完全可调的铁制白色轮廓的照门组成。此外，该手枪是在“骑兵”手枪的基础上改良而成，装上增加强度的重型枪管。

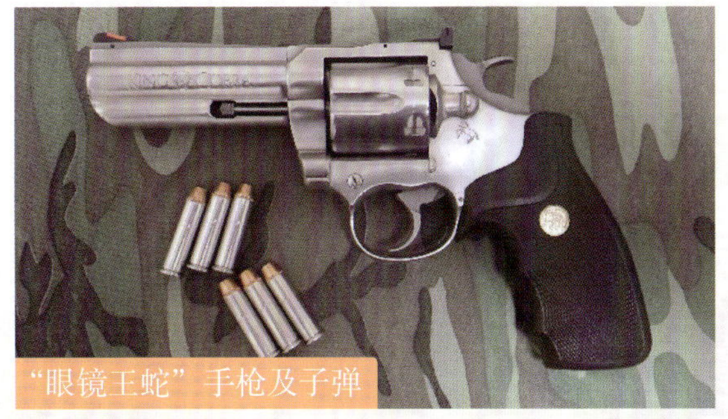
“眼镜王蛇”手枪及子弹

“眼镜王蛇”手枪分解照

作战性能

“眼镜王蛇”手枪性能可靠，具有强大的火力，用途也十分广泛，主要用途是瞄准射击、自我防卫和狩猎。该手枪与“蟒蛇”手枪相比，它使用了更现代化的材料，即使质量有所增加，但不影响其性能，甚至在可靠性和火力方面都得到了提升。

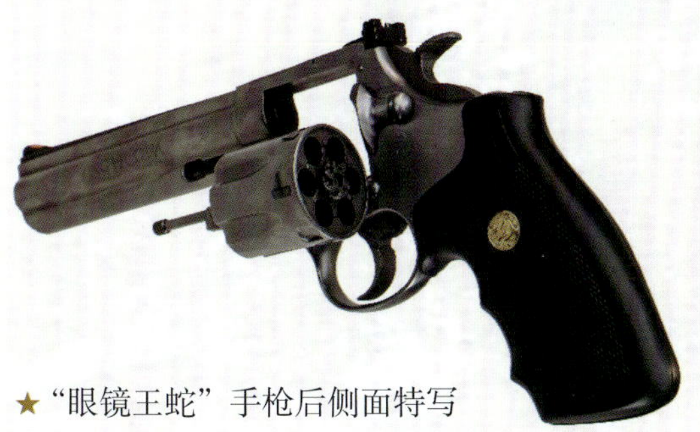
★“眼镜王蛇”手枪后侧面特写

“眼镜王蛇”手枪侧面特写

No. 81 美国史密斯－韦森 3 号手枪

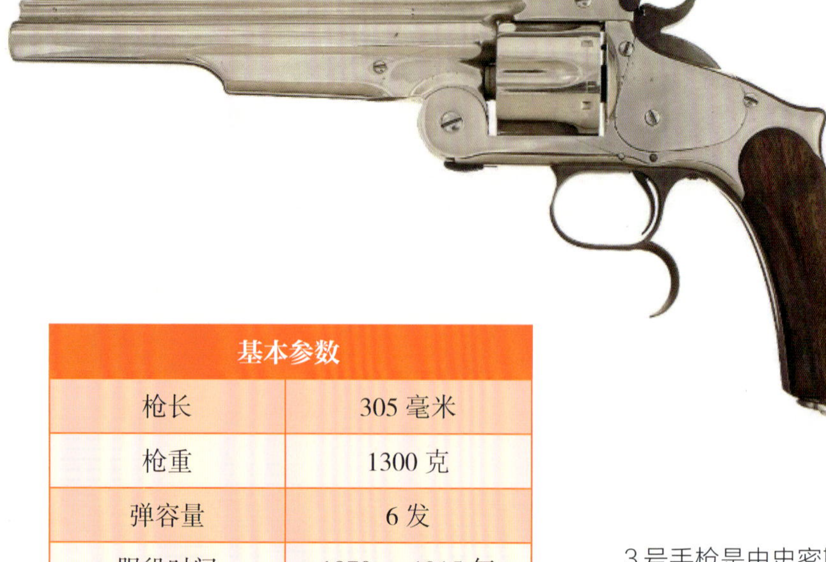

基本参数	
枪长	305 毫米
枪重	1300 克
弹容量	6 发
服役时间	1870 ～ 1915 年
口径	11.17 毫米
有效射程	50 米
枪口初速度	244 米 / 秒
枪机种类	单动式扳机

3 号手枪是由史密斯－韦森公司研制及生产的一款中折式装填左轮手枪。

●研发历史

3 号手枪是史密斯－韦森公司于 1870 ~ 1915 年间生产的一款六发式左轮手枪。为了满足俄国的特别订单，史密斯－韦森生产了大量的 3 号左轮手枪，而这些手枪有三个不同的版本。第一个版本为按照原订单生产的型号，

3 号手枪上方视角

第二个版本为经过俄军械督察改进后的型号，而最后一个版本为采用俄军设计的最后修订版本。后来俄国政府请来了大量工程师和枪匠以逆向工程的方式大量仿制出史密斯 - 韦森 3 号手枪，并由本土的图拉兵工厂负责生产。然而基于当时俄国国内工业不发达的缘故，所以俄国政府更委托了德国以及欧洲多国的生产商来生产这些左轮手枪。这些做法使史密斯 - 韦森公司几乎破产。

•武器构造

3 号左轮手枪采用单动式扳机，中折式装填，整个枪管和转轮组件能够向前折开，用转轮中心的退壳顶杆顶出空弹壳。

3 号手枪弹巢开启

★ 3 号手枪

•作战性能

19 世纪中期，由于当时弹药的装填物多数是黑火药，导致大部分手枪具有很多缺点，例如装填速度慢、结构复杂以及容易受到潮湿天气的影响等，当然 3 号手枪也不例外。不过，抛开这一点，单从设计上说，该手枪在当时还是一款非常优秀的军用手枪。

★ 展览中的 3 号手枪

No. 82 美国史密斯 - 韦森 M19 左轮手枪

基本参数	
枪长	190 毫米
枪重	864.66 克
弹容量	6 发
服役时间	1957 ～ 1999 年
口径	9 毫米
有效射程	50 米
枪口初速度	370 米 / 秒
枪机种类	双动操作

M19 是由美国枪械公司史密斯 - 韦森公司研制及生产的 6 发式 K 型底把双动操作式左轮手枪。

●研发历史

20 世纪 50 年代，手枪设计师比尔 · 乔丹与史密斯 - 韦森公司研讨了“和平人员的梦想”这一专题，并提交了一份关于左轮手枪设计的方案。随后，史密斯 - 韦森公司对其进行了审核，认为比较符合当时警用配枪标准，于是就采纳了这个方案。但史密斯 - 韦森公司没有按照原方案进行生产，而是加入了自己的一些设计理念，并命名为 M19 左轮手枪。

M19 手枪及子弹

•武器构造

M19 手枪采用 K 型结构，与 M66 手枪具有相同的扳机选择，其不同之处是 M19 手枪使用不锈钢且装上了平滑射靶式扳机。除此之外，该手枪具有烤蓝碳钢和镀镍钢两种表面处理、木制或橡胶两种战斗握把以及可调节的缺口式照门。

M19 手枪及子弹

•作战性能

M19 型左轮手枪是 K 型结构设计中威力较强的一种，能够很好地满足警用和个人防卫需求。与史密斯 - 韦森公司以往采用 N 型底把的左轮手枪相比，采用 K 型底把的 M19 型左轮手枪的尺寸更小，质量也更轻，更方便使用者隐蔽携带。

★ M19 手枪侧面特写

★ M19 手枪后侧面特写

No. 83 美国史密斯－韦森 M22 左轮手枪

M22 手枪是由史密斯－韦森公司设计生产的一款精致商业版左轮手枪。

基本参数	
枪长	234.95 毫米
枪重	1043.26 克
弹容量	6 发
服役时间	1950 ～ 2007 年
口径	11.43 毫米
有效射程	50 米
枪口初速度	231.7 米 / 秒
枪机种类	双动操作

•研发历史

M1917 手枪在 20 世纪初期有着不俗的影响力，虽然只是一种用于射击训练的手枪，但其有着良好的可靠性和优秀的射击精准度，所以当时仍有不少美国士兵和军官喜爱它。随后，史密斯－韦森公司与柯尔特公司想要对 M1917 手枪进行改进，在得到柯尔特公司的同意后，史密斯－韦森公司立刻采取了行动，对 M1917 手枪进行了一系列不同程度的修改（如换装 N 型底把），并更名为 M22 左轮手枪。

M22 手枪上方视角

●武器构造

M22 手枪采用了 4 英寸连底部凸杆枪管、固定机械瞄具、黄檀木握把以及一个内置锁。除此之外，该手枪与 M1917 手枪一样，都采用半月形弹夹，以协助发射 0.45 英寸 ACP 子弹。

M22 手枪侧面特写

●作战性能

M22 是一把大型底把双动左轮手枪，使用半月夹或全月夹勾住子弹勾槽以协助发射 0.45 英寸 ACP、0.45 英寸 Auto Rim 和 0.45 英寸 GAP（11.5 毫米口径）这三种手枪子弹。而且该手枪还是一种精准度很高的武器，扳机扣力较为平滑。

M22 手枪及子弹

No. 85 美国史密斯－韦森 M29 左轮手枪

基本参数	
枪长	353 毫米
枪重	1250 克
弹容量	6 发
服役时间	1955 年至今
口径	10.9 毫米
有效射程	50 米
枪口初速度	450 米 / 秒
枪机种类	双动式

M29 手枪是由史密斯－韦森公司设计生产的一款六发式左轮手枪。

•研发历史

20 世纪 50 年代，在美国有许多人热爱野外射击运动，比如在野外猎杀一些大型食肉动物，不过当时人们没有太多威力适中且性能优秀的小型武器。史密斯－韦森公司针对这一情况，开始研发一款专门用于大型危险狩猎射击运动的武器。1957 年，史密斯－韦森公司考察了不同的野外环境，结合客户反馈的有用信息，设计出

M29 手枪及子弹

了 M29 左轮手枪。尽管 M29 手枪设计的初衷是用于野外射击，但由于性能比较突出，所以也受一些执法部门的欢迎。

M29 手枪及其配件

●武器结构

M29 手枪属于 N 型结构设计，采用优良的抛光和镍表面涂层技术，装备于美国军警界，特别是美国警匪电影中经常会出现此枪。

M29 手枪上方视角

●作战性能

M29 手枪在猎杀野猪和黑熊等大型动物时效果很好，其加长的弹壳增大了装药量，使得初速、动能都比一般的子弹要大。

不仅如此，该手枪结构简单，所用的零件数量也很少，但破坏力惊人，并且安全可靠。它的双动扳机扣力平滑，单发击发时扳机更轻，射击精准度也更高，适用于近距离的应急自卫。

M29 手枪及子弹

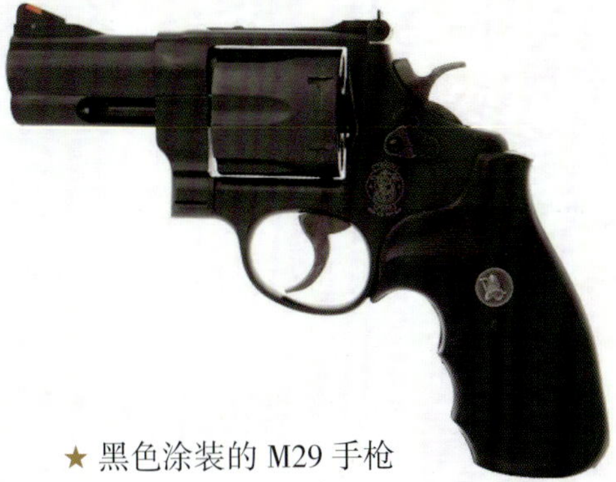
★ 黑色涂装的 M29 手枪

No. 86 美国史密斯 - 韦森 M36 手枪

基本参数	
枪长	158 毫米
枪重	552.8 克
弹容量	5 发
服役时间	1950 年至今
口径	9 毫米
有效射程	23 米
枪口初速度	330 米 / 秒
枪机种类	双动操作

M36 是由史密斯 - 韦森公司设计生产的一款五发式左轮手枪。

●研发历史

二战后，史密斯 - 韦森公司试图设计一种尺寸小且可轻易包装隐藏的左轮手枪，发射火力相对而言更为强大的 0.38 英寸特种弹。因为旧式的 I 型底把无法承受该弹药的装药量，因而设计了一个新型底把，即 J 型底把。

M36 手枪侧面特写

1950 年，该新型设计在警

察局长的国际协会会议推出，备受好评。由于需求量大，所以这种版本随即投产。此外，该版本还可分别选用烤蓝或是镀光亮镍两种表面处理，它以“总督察特种型”手枪之名生产，直到 1957 年，成为现在的 M36 左轮手枪。

●武器构造

M36 手枪设计细小且紧凑，是一把双动操作式左轮手枪，转轮闩位于枪身左侧、转轮后方。退弹时向前推转轮闩，向左旋出转轮，后按退壳杆退出弹巢中的弹壳或枪弹。

★ M36 手枪及子弹

●作战性能

M36 手枪轻薄易于持握，适合女性使用。此枪小巧质轻，但却丝毫不影响它巨大的威力，是 6.35 毫米和 7.65 毫米口径的手枪无法比拟的。

★ M36 手枪上方视角

No. 87 美国史密斯 - 韦森 M60 左轮手枪

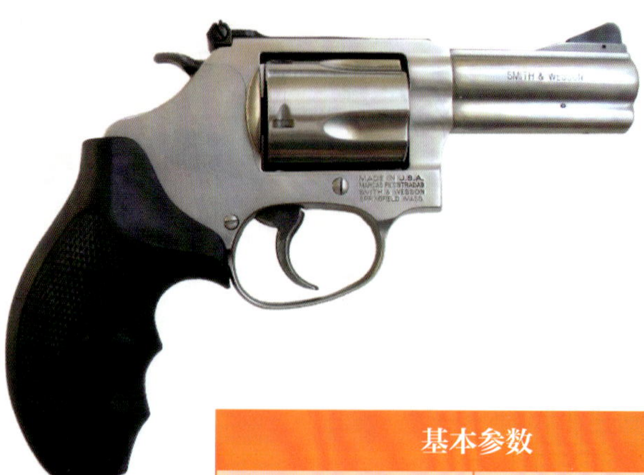

M60 手枪是由史密斯 - 韦森公司设计生产的一款五发式左轮手枪。

基本参数	
枪长	127 毫米
枪重	539 克
弹容量	5 发
服役时间	1965 年至今
口径	9 毫米
有效射程	50 米
枪口初速度	325 米 / 秒
枪机种类	双动操作

M60 手枪弹巢特写

●研发历史

柯尔特公司在美国是设计制造左轮手枪的“专业户”，其设计技术和资金实力都毋庸置疑，能与之匹敌的就是史密斯 - 韦森公司。在历经一战、二战和多次局部战争之后，这两家“左轮公司”在设计左轮手枪这一领域的经验和技术更上一个台阶，推出了不同用途、各种型号的左轮手枪。1955 年，柯尔特公司推出了“蟒蛇”左轮手枪，并引起了不小的轰动，占据了大量的左轮手枪销售市场。与此同时，史密斯－韦森公司也不甘示弱，于 1965 年推出了 M60 左轮手枪。

★ M60 手枪前侧方特写

M60 手枪及子弹

●武器构造

M60 手枪照门为方形缺口式，可以调整高低和风偏，准星为斜坡式，且斜坡上有一个内凹的红点。由于在瞄准射击时，过于光滑的枪管表面会产生反光，所以枪管上端面设计有锯齿状条纹。除此之外，为了安全，在转轮解脱杆正上方设有一个锁定装置，将钥匙插入锁定装置中，顺时针转动就能够使用该枪了。

●作战性能

M60 手枪的枪管给人感觉十分舒服，而且它与枪身的其余部分恰成比例。不仅如此，该枪在野外狩猎或者进行射击运动时，也是一个不错的选择，射手可以根据不同情况，换用 0.38 英寸特种弹或 0.357 英寸马格南弹。

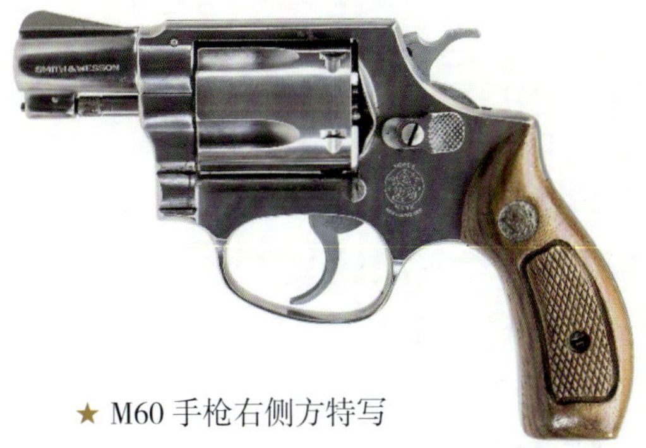

★ M60 手枪右侧方特写

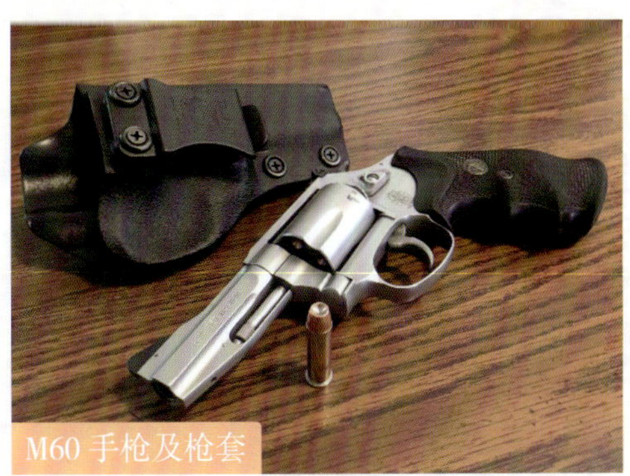

M60 手枪及枪套

No. 88 美国史密斯 - 韦森 M327 TRR8 左轮手枪

基本参数	
枪长	267 毫米
枪重	1000 克
弹容量	8 发
服役时间	1998 ～ 2000 年
口径	9 毫米
有效射程	50 米
枪口初速度	325 米 / 秒
枪机种类	双动操作

M327 TRR8 手枪是由史密斯 - 韦森公司设计生产的一款八发式左轮手枪。

●研发历史

M327 TRR8 手枪及配件

2000 年，史密斯 - 韦森公司以发射 0.357 英寸（9 毫米）马格南枪弹的 M627 手枪为基础，将转轮座改为使用钪合金制作，开发出 M327 TRR8 左轮手枪，TRR8 是“tactical rail round 8”的缩写。其型号 M327 是依照史密斯 - 韦森公司在型号前加表示所使用材料的惯例，在使用钪合金材料编号的枪械前，公司编号以 3 开头，如 M325（0.45 英寸 ACP 口径）、

M329[0.44 英寸（11.18 毫米）马格南口径] 等，且 M327 TRR8 手枪设计新颖，出类拔萃。

•武器构造

M327 TRR8 手枪的枪管下方和转轮座顶部设有两个可拆卸式附件导轨，还可附加光学瞄准镜以及激光瞄准器等，不仅实现了左轮手枪战术化的理念，还将左轮手枪的发展提上了一个新的台阶。

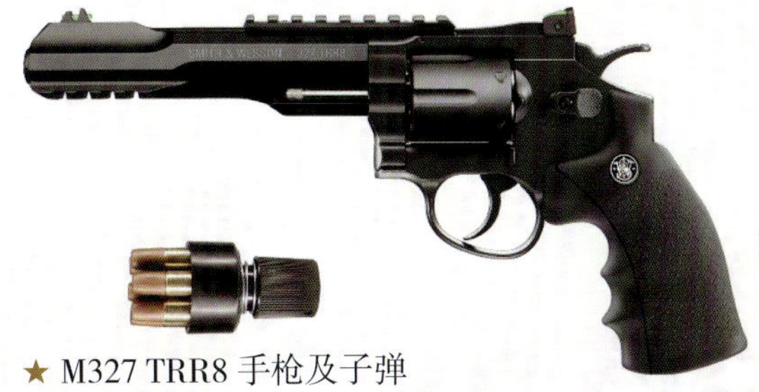

★ M327 TRR8 手枪及子弹

M327 TRR8 手枪侧方特写

•作战性能

M327 TRR8 手枪使用钪合金，这样不仅不会出现转轮座强度不足的问题，还可实现高度轻量化，并且又能发射大威力马格南子弹。

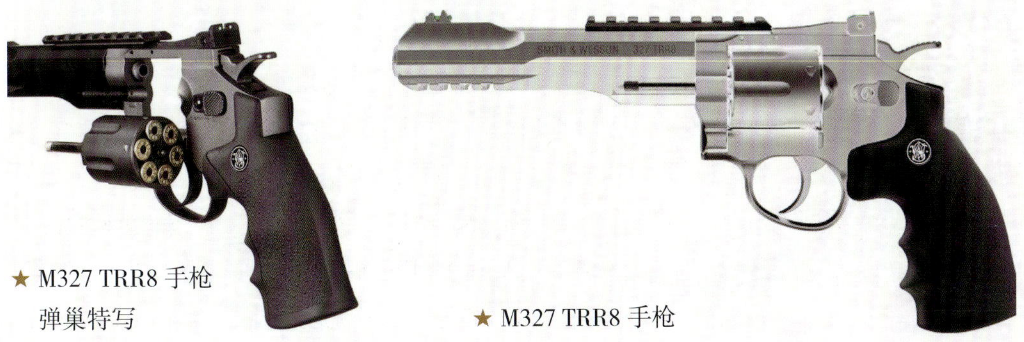

★ M327 TRR8 手枪弹巢特写

★ M327 TRR8 手枪

No. 89 美国史密斯-韦森 M460 左轮手枪

基本参数	
枪长	254 毫米
枪重	1686 克
弹容量	5 发
服役时间	2005 年至今
口径	11.68 毫米
有效射程	50 米
枪口初速度	640 米 / 秒
枪机种类	双动操作

M460 是由史密斯 - 韦森公司设计生产的一款五发式左轮手枪。

●研发历史

M460 手枪是适用于非洲和阿拉斯加的狩猎以及危险游戏的防卫型左轮手枪。该手枪建构于史密斯 - 韦森公司的被称为 X 型底把的最大最强的平台上。M460 手枪在 2005 年首次亮相以后，就赢得了美国射击工业学院年度手枪优秀奖。

M460 手枪特写

•武器构造

史密斯 - 韦森公司曾称 M460 手枪是“当今世界上初速最高的批量生产左轮手枪”。该手枪是以其他的 X 型底把左轮手枪为基础设计的，它的枪管膛线是独一无二的，一开始的膛线缠距为缠距较慢的 1 ： 100，然后逐渐地加快到 1 ： 20，以适应弹药的高膛压性质。

装有战术组件的 M460 手枪

•作战性能

由于 M460 手枪发射 200 格令（12.96 克）弹头的枪口初速和枪口能量分别能达到 640 米 / 秒和 3253.968 焦耳，所以该手枪便成了世界上最强大的 0.45 英寸口径批量生产左轮手枪。

M460 手枪上方视角

No. 90 美国史密斯 - 韦森 M500 左轮手枪

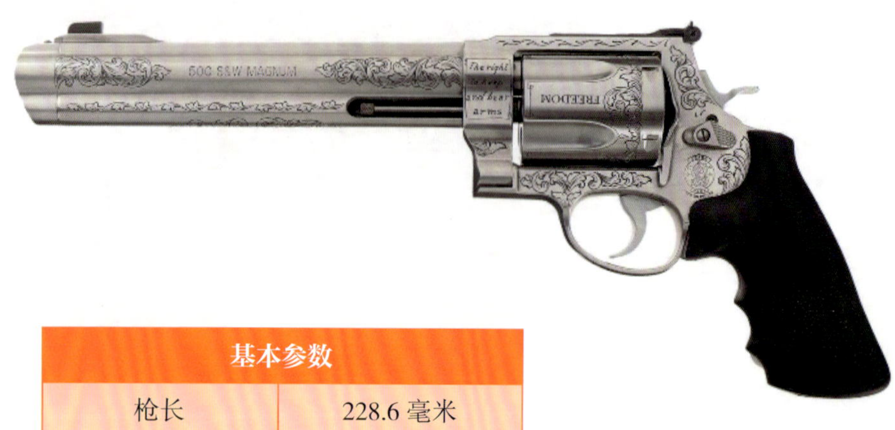

基本参数	
枪长	228.6 毫米
枪重	1550 克
弹容量	5 发
服役时间	2003 年至今
口径	12.7 毫米
有效射程	50 米
枪口初速度	632 米 / 秒
枪机种类	双动式

M500 是美国史密斯 - 韦森公司研制及生产的一款五发式左轮手枪。

•研发历史

由于 M1935 手枪以及“沙漠之鹰”手枪一直在可靠性和稳定性的基础上追求大威力，而且从影视、游戏行业到民间射击比赛，都可见到大威力手枪的身影，致使专攻左轮手枪的史密斯 - 韦森公司也想打入这一类手枪市场。21 世纪初期，史密斯 - 韦森公司正式开始研制一款大威力手枪，其设计理念是：设计出一款威力不亚于甚至超越所有现有

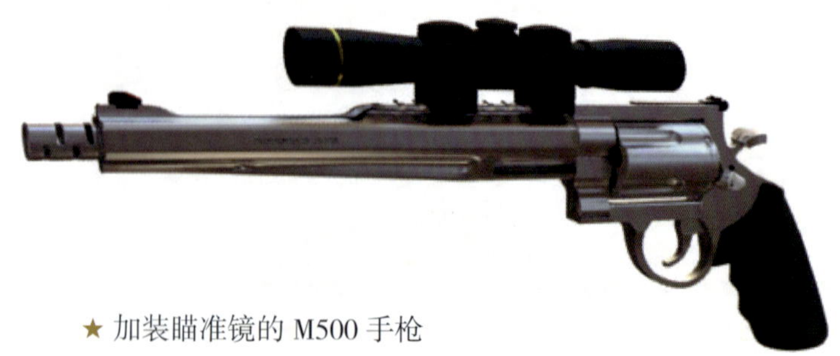
★ 加装瞄准镜的 M500 手枪

手枪的大威力手枪。经过几年的钻研，史密斯－韦森公司最终于 2003 推出了预想中的大威力手枪——M500 左轮手枪。

•武器构造

★ M500 手枪侧面特写

M500 手枪发射 12.7 毫米口径马格南大威力手枪弹，由于子弹太大，一般的左轮手枪弹膛可以装 6 发子弹，但 M500 手枪却只能装下 5 发。虽然发射子弹的威力巨大，但该手枪的先进设计有助于减少持枪者的后坐感。这些设计包括超重的枪身、橡胶底把、配重块以及特别设计的枪口制退器等。

★ M500 手枪及子弹

•作战性能

M500 手枪并非用于军事用途，而是用于狩猎大型猎物。该手枪所发射的子弹的动能更是其他手枪无法比拟的，其威力已经达到枪弹的动能，称之为手枪实在太小觑于它。

M500 手枪枪管特写及子弹

No. 91 美国史密斯－韦森 M625 左轮手枪

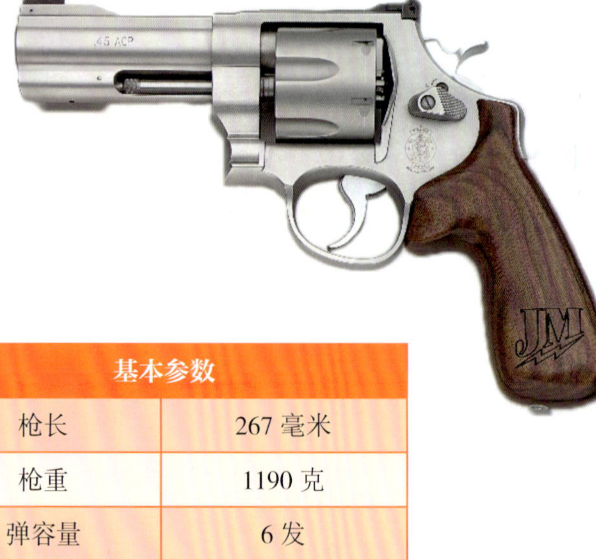

基本参数	
枪长	267 毫米
枪重	1190 克
弹容量	6 发
服役时间	1988 年至今
口径	11.43 毫米
有效射程	50 米
枪口初速度	240 米 / 秒
枪机种类	双动操作

M625 手枪是由史密斯－韦森公司设计生产的一款六发式左轮手枪。

●研发历史

1988 年，史密斯－韦森公司研制出 M625 手枪，用于自卫或射击比赛。目前已有多种型号，其中包括 M625 山地枪型、M625 圆形握把型以及 M625 方形握把型等。M625 这个型号是在原来的 M25 左轮手枪的型号名称前面增加一个数字 6 以表示这是原来的 M25 左轮手枪设计的不锈钢底把版本，这点与 M627、M629 手枪相同。

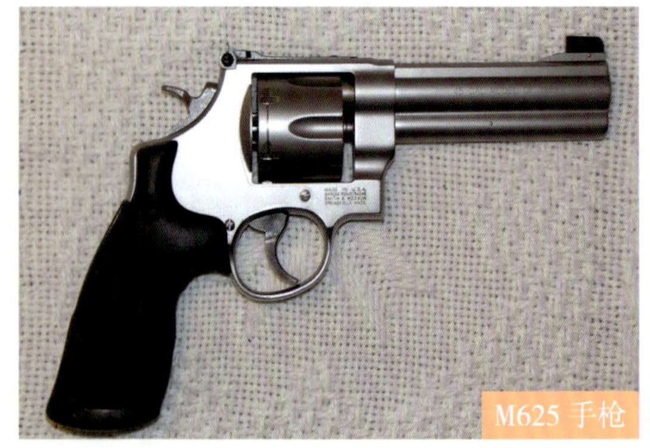
M625 手枪

武器构造

M625 手枪的握把具有多种选择，包括木制刻纹和黑色橡胶。照门、准星和握把可在无需工具或枪匠下自行改进，以最大限度满足射手的不同习惯。此外，M625 手枪采用了 N 型底把，全枪枪身及金属部件采用表面抛光的不锈钢材料制成，还采用了重型枪管。

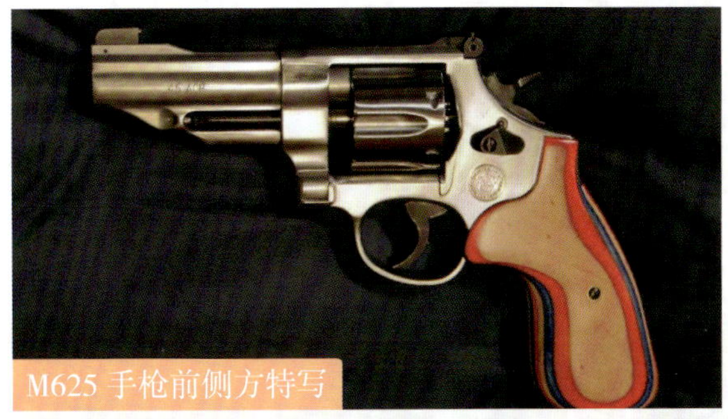
M625 手枪前侧方特写

M625 手枪及子弹

作战性能

M625 手枪的握把整体上较为小巧，即便手形较小的射手，特别是女性射手，也容易操控。且该手枪自身质量较大，因此在射击时后坐力较为温和，有利于提高射击精度。

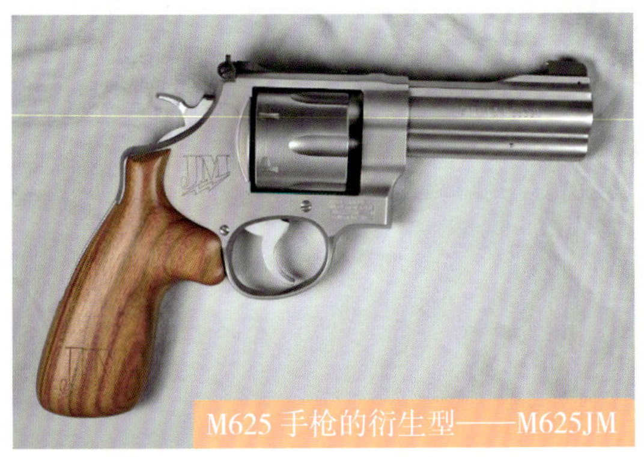
M625 手枪的衍生型——M625JM

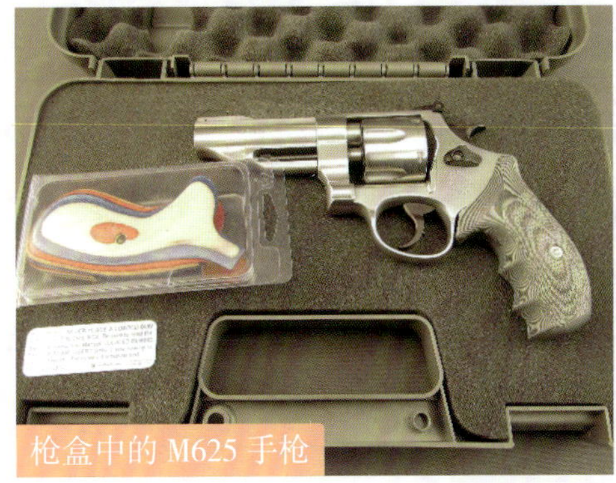
枪盒中的 M625 手枪

No. 92 美国史密斯－韦森 M640 左轮手枪

基本参数	
枪长	166.62 毫米
枪重	640 克
弹容量	5 发
服役时间	1990 年至今
口径	9 毫米
有效射程	22.86 米
枪口速度	310 米 / 秒
枪机种类	双动操作

M640 手枪是由史密斯－韦森公司设计生产的一款五发式左轮手枪。

●研发历史

1993 年，史密斯－韦森公司试图提供 76.2 毫米枪管的手枪版本，但迫于种种原因，不得不在 1993 年宣布停产。同年，史密斯－韦森公司推出了 M940 手枪，其外观上与之相似，但 M940 手枪发射 9×19 毫米鲁格弹。1996 年，该手枪停产，20 世纪 90 年代，史密斯－韦森公司研制出 M640 左轮手枪，并作为美国警察局的备用武器。

M640 手枪侧面特写

•武器构造

M640 手枪是一种双动操作式短管左轮手枪，与其他史密斯－韦森 J 型底把左轮手枪一样，它具有可摆出式弹巢，只是该型号具有隐藏型击锤。

M640 手枪及子弹

•作战性能

尽管 M640 手枪的底把很小，枪管也较短，但该手枪却坚固而经久耐用，准确度也相当高。枪械专家乔·戈尔曼曾用该手枪连续发射了 500 发全威力弹药，发射后该手枪仍然可以使用。除此之外，M640 手枪还可发射 0.357 英寸马格南弹或火力相对较弱的 0.38 英寸特种弹这两种子弹。

枪盒中的 M640 手枪

★ M640 手枪

No. 93 美国鲁格“阿拉斯加人”左轮手枪

“阿拉斯加人”手枪是由美国鲁格公司研制的一款左轮手枪。

基本参数	
枪长	190 毫米
枪重	1200 克
弹容量	6 发
服役时间	2005 年至今
口径	11.17 毫米
有效射程	50 米
枪口初速度	427 米 / 秒
枪机种类	双动操作扳机

●研发历史

“阿拉斯加人”手枪是鲁格公司以 1999 年推出的“超级红鹰”系列左轮手枪为基础改进的大口径短枪管左轮手枪。该手枪的枪管长度只有 63 毫米，如果从枪口正面观察该枪，可隐约看到的大口径枪弹弹头，给人一种不寒而栗的感觉。史密斯 - 韦森公司曾推出世界上威力最大的左轮手枪——M500 手枪。该手枪采用长达 2120 毫米的枪管，由于后坐力过大，很多美国

“阿拉斯加人”手枪

人都敬而远之。当然“阿拉斯加人”手枪也想坐上“世界第一大威力手枪”的宝座，可是想要驾驭它并不是那么简单，其原因是它的后坐力太大。

•武器构造

“阿拉斯加人”手枪的转轮座采用410不锈钢制成，转轮对410不锈钢棒进行切削加工成型，内部枪管周围加工有螺纹，以旋进的方式组合到转轮座内。除此之外，该手枪的制造加工方法与“超级红鹰”手枪完全相同，采用短枪管的大口径“阿拉斯加人”手枪，橡胶握把的缓冲能力几乎接近最高点，橡胶握把也采用了握把两侧固定轴获得缓冲效果的方式，但特意加工了转轮座的握把部分在橡胶制握把内可移动的间隙，握把后方镶嵌柔软的橡胶制缓冲垫，进一步增强了缓冲效果。

“阿拉斯加人”手枪侧面特写

•作战性能

“阿拉斯加人”手枪的准星相当高，这是为缓解强劲的后坐力而采取的措施。弹头开始在枪管内移动的一瞬间，就产生后坐力，弹头越重，后坐力也越大。当弹头飞出枪口部时，枪口已开始朝上。

“阿拉斯加人”手枪及子弹

No. 94 法国 MR-73 左轮手枪

基本参数	
枪长	195 毫米
枪重	880 克
弹容量	6 发
服役时间	1973 年至今
口径	9 毫米
有效射程	509 米
枪口初速度	200 米 / 秒
枪机种类	双动式

MR-73 手枪是由法国马努林公司生产的双动式左轮手枪，以超高的射击精准度以及强大的火力而闻名。

●研发历史

20 世纪 70 年代，由于在法国境内缺少一款性能优越的射击比赛专用手枪，所以马努林公司针对这一状况开始设计手枪。经过一段时间的钻研，马努林公司最终于 1973 年推出了 MR-73 左轮手枪。

MR-73 手枪侧面特写

•武器构造

MR-73 手枪采用双动式扳机的设计，并能够以单动式或双动式进行射击。该手枪具有多种不同尺寸的版本可供用户选择，也可发射多种弹药，用户还可透过更换弹巢来改变口径，除此之外，其最大的特色就是采用滚珠式扳机系统。法国总统安全组的一些成员对 MR-73 情有独钟，而且为了对付狙击手，他们对 MR-73 进行了改装，为其配备了现代化的瞄准镜，使其成为反恐作战的利器。

MR-73 手枪后侧方特写

MR-73 手枪及子弹

•作战性能

MR-73 手枪结构简单可靠，射击过程平滑顺畅，并且拥有比赛级精度，这些特点使得 MR-73 在左轮手枪中堪称经典。

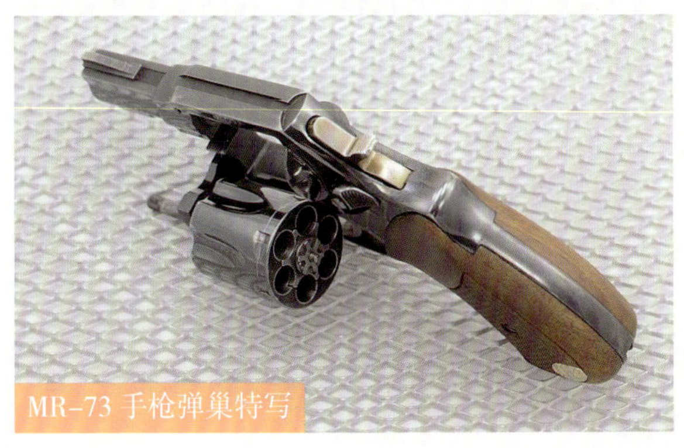
MR-73 手枪弹巢特写

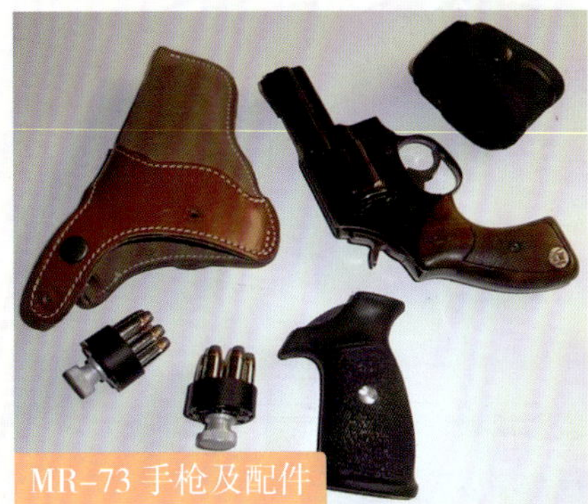
MR-73 手枪及配件

No. 95 法国 MAS 1873 左轮手枪

基本参数	
枪长	240 毫米
枪重	1040 克
弹容量	6 发
服役时间	1873 ～ 1945 年
口径	11 毫米
有效射程	50 米
枪口初速度	210 米 / 秒
枪机种类	双动式

MAS 1873 手枪是由法国圣埃蒂安武器制造厂生产的，同时它也是法国军队采用的第一种双动式左轮手枪。

•研发历史

MAS 1873 手枪于 1873 ～ 1887 年期间在圣埃蒂安武器制造厂生产了约 337000 把。尽管该枪后来被更新的 M1892 转轮手枪所取代，但它在一战期间仍然被广泛地使用，并于 1940 年转交给预备役部队使用。此外，MAS 1874 为此枪的军官专用版本，这个版本比原版更为轻巧，而且使用较深色的枪身，当中也有不少民用版本在法国和比利时生产。

MAS 1873 手枪及子弹

•武器构造

MAS 1873 手枪的弹巢上具有一个侧面进弹口，装填时需把它向后方拉出。其瞄具视点为一个球体和“V”字，并非常容易对齐。由于是双动式扳机的缘故，所以该手枪在直接扣动扳机进行射击时会比较难命中目标，但这也令其不易被意外击发。它的保养和分解也十分容易，这是基于其退壳杆同时为一把螺丝刀和多用途工具。

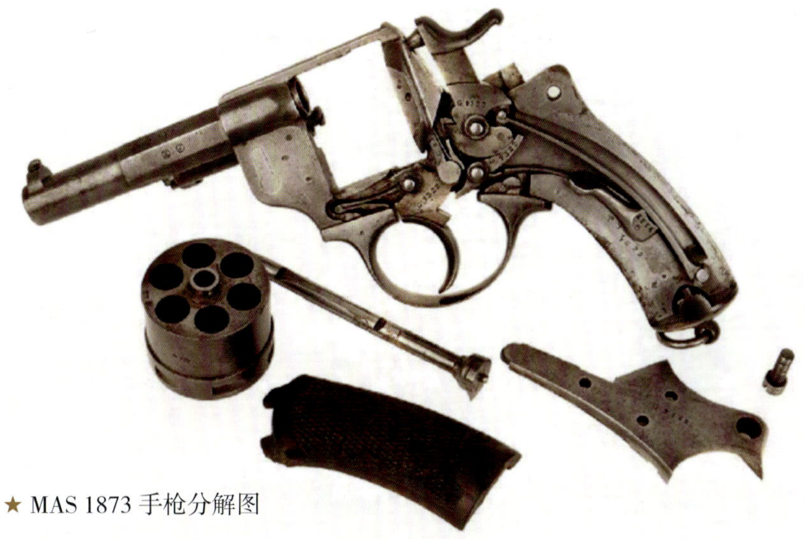

★ MAS 1873 手枪分解图

•作战性能

MAS 1873 手枪和 MAS 1874 手枪都发射 11 毫米口径枪弹，枪口初速度较低。尽管如此，这些手枪是非常耐用和可靠的。除此之外，该手枪还有一个海军专用型，它能够使用威力较大的弹药，但是这个版本生产后不久便停产了。

★ MAS 1874（上）
与 MAS 1873（下）

★ MAS 1873 手枪

No. 96 法国 MAS 1892 左轮手枪

MAS 1892 左轮手枪是由法国圣埃蒂安武器制造厂生产的，在一战期间是法国军队的制式手枪。

基本参数	
枪长	240 毫米
枪重	850 克
弹容量	6 发
服役时间	1892 ～ 1960 年
口径	8 毫米
有效射程	50 米
枪口初速度	220 米 / 秒
生产数量	35 万把

●研发历史

MAS 1873 手枪推出后，法国军队的士兵和官员对其态度各有不同，有的认为它可靠性好、火力较强，比较适合做自卫防卫武器；有的觉得它太过于笨重，不便于携带，而且外形比较丑，无法体现高阶军官的身份。针对这一现象，法国圣埃蒂安武器制造厂于 19 世纪

MAS 1892 手枪侧面特写

90 年代初期开始研制新一代手枪，以取代 MAS 1873 左轮手枪。1892 年，圣埃蒂安武器制造厂正式推出 MAS 1892 左轮手枪，随后列装法国陆军、海军、国家宪兵以及其他部门。

●武器构造

MAS 1892 手枪使用的弹药为 8 毫米口径的黑火药弹，在一战期间装备的手枪改用同口径的无烟火弹药。该手枪与其他左轮手枪的不同之处在于，它的弹巢向右方摆出，摆出后不仅可查看各个膛室的剩弹量，还能把弹壳倒出。重新装填后，射手需把弹巢收回原位，并以位于枪体右边的锁闩把它锁定。除此之外，位于枪体左边的侧板可被翻开，以方便用户清洁和保养内部零件。

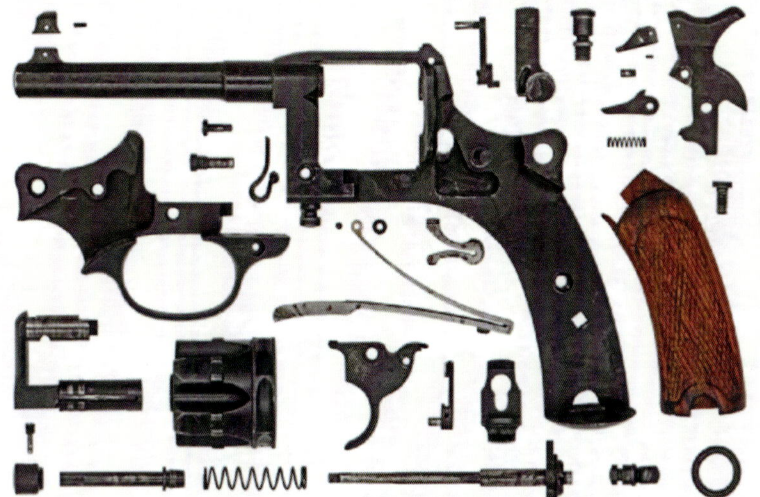

★ MAS 1892 手枪分解图

●作战性能

MAS 1892 手枪是一种坚固、精确度高和品质不错的左轮手枪。射手不仅能够拉下击锤后再扣动扳机做单动式射击，还可直接扣动扳机做双动式射击。它唯一较明显的缺点就是作为一支军用手枪其火力较弱，口径只有 8×27 毫米，论制式，它也只能是勉强地达到 0.32 英寸 ACP 弹（9 毫米）的水平。

MAS 1892 手枪及子弹

MAS 1892 手枪侧面特写

No. 97 俄国/苏联纳甘 M1895 左轮手枪

基本参数	
枪长	235 毫米
枪重	800 克
弹容量	7 发
服役时间	1895 ～ 1945 年
口径	7.62 毫米
有效射程	23 米
枪口初速度	272 米 / 秒
枪机种类	单 / 双动式

M1895 手枪是由李昂 · 纳甘设计、图拉兵工厂生产的一款手枪，发射 7.62×38 毫米子弹。

★ M1895 手枪及配件

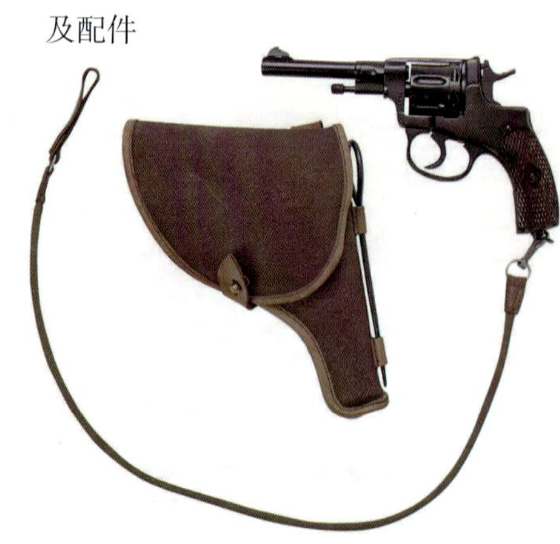

●研发历史

李昂 · 纳甘是俄国著名的枪械设计师，一战、二战时期苏联的“招牌”武器——莫辛－纳甘步枪就是他所设计。因纳甘有着较多的枪械设计经验，且学习了当时欧洲最先进的设计技术和理念，所以在他设计出莫辛－纳甘步枪后不久，俄国陆军和警察部队就要求其能协助设计一款便携、可靠的小型自卫武器手枪。在得到该任务后，纳甘将自己所有的经验和技术结合起来，最

★ M1895 手枪前侧方特写

终于 1895 年推出了纳甘 M1895 左轮手枪。

1930 年，苏联开始以更现代化的 TT 半自动手枪取代纳甘 M1895。尽管如此，大量的纳甘 M1895 在二战期间仍然被生产出来，并装备苏联红军，直到二战结束。到 1952 年苏联完全列装 PM 半自动手枪时，M1895 手枪才开始退出苏军前线部队。

•武器构造

与大部分左轮手枪的运作原理不同，M1895 手枪采用了特殊的气体密封式设计。在手枪的击锤被拉低后其弹巢会向前移动，同时也封闭了弹巢与枪管之间的空隙，增加了子弹的初速，并容许武器被抑制。20 世纪，M1895 手枪被多国军警采用，其中包括瑞典、挪威和希腊等，这些左轮手枪与没有加入气动密封式的机制。

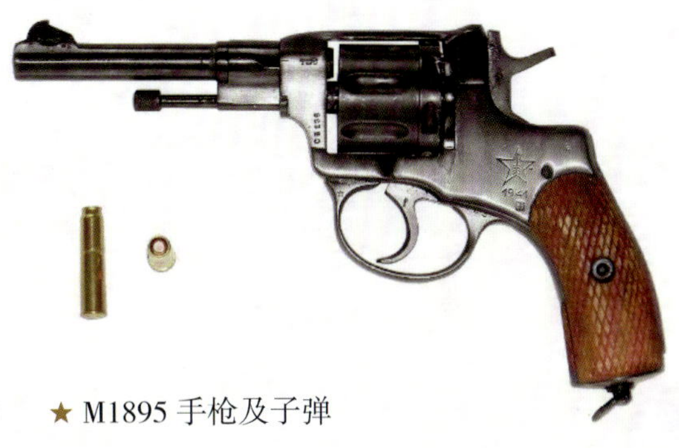
★ M1895 手枪及子弹

•作战性能

M1895 手枪的气体密封式设计说明了它与其他左轮手枪不同，它能够有效地加装抑制器以作消音射击，这些消音的纳甘左轮 M1895 手枪被称为“布拉米兹装置”。除此之外，M1895 手枪在重新装填时用户需手动把弹壳逐一退出，并将新的子弹透过装填口逐一载入弹巢的各个膛室里。若要将它跟采用中折式或外摆式弹巢设计的左轮手枪比较的话，M1895 手枪这种过时的装填方式固然会显得比较费力和费时。

M1895 手枪及枪套

展览中的 M1895 手枪

No. 98 意大利齐亚帕“犀牛”式左轮手枪

基本参数	
枪长	164 毫米
枪重	700 克
弹容量	6 发
服役时间	2009 年至今
口径	9 毫米
有效射程	50 米
枪口初速度	210 米 / 秒
枪机种类	纯双动

“犀牛”式手枪是由意大利齐亚帕公司设计生产的一款六发式左轮手枪。

•研发历史

齐亚帕公司是意大利的一个武器制造商，其最初是仿制一些在枪械界有名的武器，例如温彻斯特连发步枪（由美国温彻斯特连发武器公司于 19 世纪 80 年代研发生产的一款武器）等，经过多年资金和人才的累积，它逐

★“犀牛”式手枪

步发展成为一个在现代枪械界有一席之地的武器公司。之后，齐亚帕公司开始自主设计枪械，但一直没有找到适合自己的武器类型。进入 21 世纪后，齐亚帕公司决定在左轮手枪市场上开辟新天地，经过长时间的研发与试验，终于在 2009 年推出了“犀牛”式左轮手枪。齐亚帕公司也因该手枪而名声大噪。

●武器构造

“犀牛”式手枪有一个显著的特点，其六发弹巢的横截面为六边形，而非圆柱形。此外，该手枪的枪管轴线位于转轮轴线之下，比大多数其他左轮手枪都要低，因为它从弹巢最下方的膛室射击，而非从弹巢最上方的膛室射击。这种设计的优点是使枪管轴线最大限度地与射手的持枪手虎口高度相同。

“犀牛”式手枪及子弹

“犀牛”式手枪具有三处独特的保险。首先是击针保险，当转轮弹膛没有真正到位时，击针会被阻挡而无法前移，以免因意外导致击锤回转打击击针产生炸膛危险。击针只可在转轮膛室到位以后才可无阻碍地前移。其次是扳机保险，当转轮弹膛没有完全到位时，扳机会被相应的螺钉抵住而无法扣动，从而无法解脱击锤以确保安全。扳机只有转轮膛室到位以后才能被扣动。最后是单动保险，当“犀牛”处于单动状态时，击锤与击针之间被保险块隔开，使击锤在意外回转时无法打击击针，从而保证了安全性。而阻隔击针、击锤保险块只有在扣动扳机时才会让开，使击锤能够顺利打击击针，从而击发枪弹。齐亚帕将其称为“世界上最保险的左轮手枪”。

●作战性能

在外观轮廓上，“犀牛”式手枪比一般左轮手枪的棱角更为分明，具有一种超前的现代感。六边形转轮弹巢是为了降低武器在隐蔽携带用途方面的轮廓，并减轻了转轮本身的质量，同时也相应也减少了其扳机扣力。

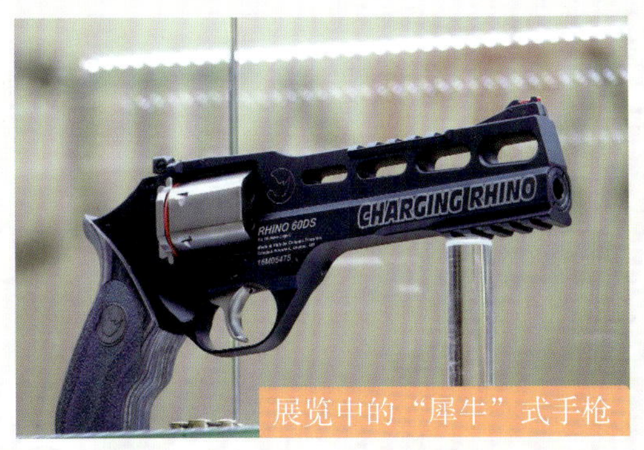

展览中的“犀牛”式手枪

★“犀牛”式手枪侧面特写

No. 99 巴西 M608 左轮手枪

基本参数	
枪长	419 毫米
枪重	1270 克
弹容量	8 发
服役时间	1996 年至今
口径	11.43 毫米
有效射程	50 米
枪口初速度	440 米 / 秒
枪机种类	双动操作

★ M608 手枪长枪管型号

M608 手枪是由巴西陶鲁斯公司设计生产的，有多种口径，最大为 12.7 毫米，不过使用最多的为 11.43 毫米。1993 年，美国枪械管理法律规定手枪弹容量不能超过 10 发，所以使半自动手枪的优势被削弱，与此同时很多公司趁势推出了加大弹容量的左轮手枪，如史密斯 - 韦森公司的 M686 左轮手枪。

1996 年，陶鲁斯公司首次展出了其全新设计的 M608 手枪。该手枪可填装 8 发子弹。除此之外，每支 M608 都有补偿系统，即在枪管顶部肋条上钻有 8 个孔。这个补偿系统能够有效地抑制枪口上跳，使后坐力有所减小，而且精度也并未遭受多大损失。

当然，M608 手枪之所以称为“全新”，是因为它采用了陶鲁斯公司新开发的扳机机构，其扳机运动的平稳程度可与那些在作坊中精心加工的定做枪相媲美。与其他新推出的陶鲁斯左轮手枪一样，M608 手枪也采用黑橡胶握把，握把外形经过精心设计，握持十分舒适。

M608 手枪及子弹

M608 手枪左侧方特写

No. 100 瑞士 SMG 左轮手枪

基本参数	
枪长	55 毫米
枪重	68 克
弹容量	6 发
服役时间	2005 年至今
口径	2.34 毫米
有效射程	30 米
枪口初速度	180 米 / 秒
生产数量	500 支

SMG 手枪是瑞士“枪匠”公司设计生产的一款迷你型手枪，同时也是世界上最小的枪支。

●研发历史

瑞士“枪匠”公司将柯尔特公司的“巨蟒”左轮手枪按比例缩小，制作出一款迷你型的手枪——SMG 左轮手枪。该手枪是“枪匠”公司制造的第一种枪械产品，它算得上是世界上最小的枪支。SMG 手枪被众多人视为收藏珍品，但因为它具有

SMG 手枪与硬币对比

杀伤性，所以这款“工艺品”枪支，要经过瑞士火器局核准后才能购买。自 2005 年上市以来，SMG 的销量已经达到 500 支，主要都是被中东和远东的收藏家购买。

•武器构造

SMG 手枪的枪柄有多种款式，其中包括乌木枪柄、手工雕刻枪柄以及镶有钻石或者其他宝石的黄金枪柄。每年“枪匠”公司大概生产 25 支由黄金制成的枪，不锈钢枪也只生产 100 支。客户往往需要等上 6 个月才能买到。

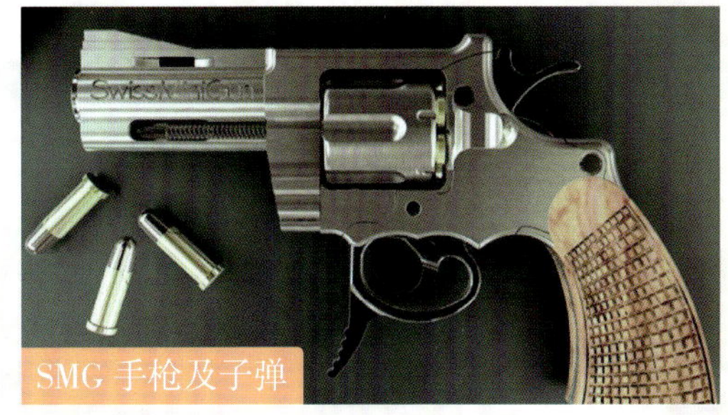
SMG 手枪及子弹

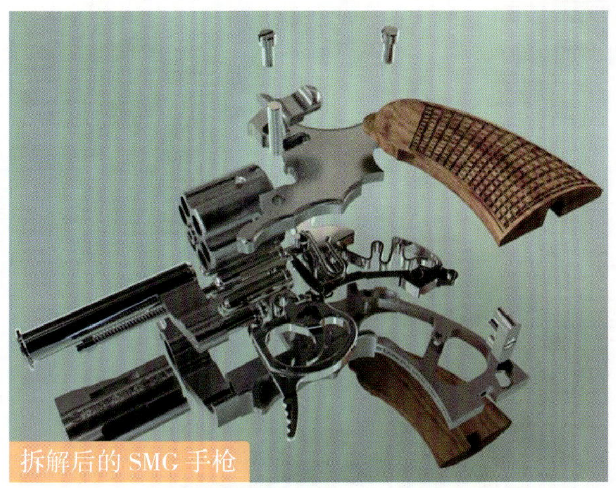
拆解后的 SMG 手枪

•作战性能

SMG 手枪可发射 2.34 毫米口径缘发式子弹，该子弹堪称“世界上个头最小的缘发式子弹”。尽管 SMG 手枪个头小，但其威力却不容忽视，子弹的枪口初速度达到了 180 米 / 秒，若是被 SMG 手枪击中要害的话，会有性命之忧。

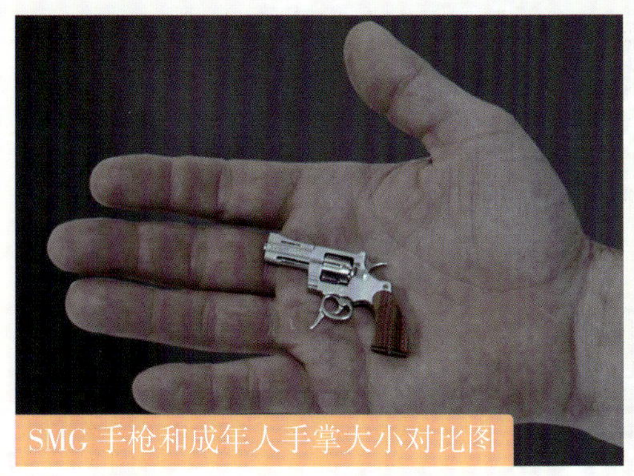
SMG 手枪和成年人手掌大小对比图

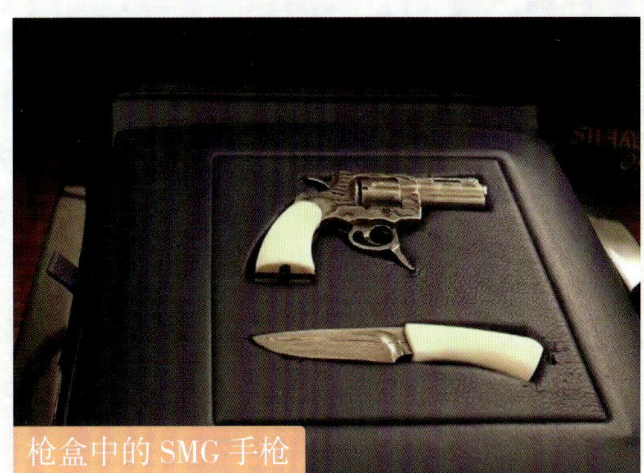
枪盒中的 SMG 手枪

参考文献

[1] 军情视点．全球枪械图鉴大全．北京：化学工业出版社，2015.

[2] 陈艳．手枪——青少年必知的武器系列．北京：北京工业大学出版社，2013.

[3] [英] 福特．手枪．范小菊，张国良，汪宏海译．北京：中国市场出版社，2010.

[4] 卞荣宣．手枪（现代兵器丛书）．北京：中国人民解放军出版社，2005.

[5] 黎贯宇．世界名枪全鉴（珍藏版）——手枪．北京：机械工业出版社，2013.

[6] 崔钟雷．视觉大发现·弹道无痕——大威力手枪．长春：吉林美术出版社，2012.